JN159845

JA営業店のための読んで考えるコンプライアンス事例集

有限責任監査法人トーマツ［著］

経済法令研究会

はじめに

ＪＡを取り巻く環境は、地方人口の減少、少子高齢化、マイナス金利政策、ＡＩやロボティクスに代表される新たなテクノロジーの進展、農協改革など激変しています。ＪＡの内側に目を向けても、正組合員の高齢化と減少、農地の減少、大型合併などの組織統合、店舗統廃合などの組織再編、県域組織の変化、公認会計士による監査制度の導入など、取り組むべき課題は日に日に増えています。

このような内外の環境変化もあるなかで、ＪＡグループの現金等の着服や顧客情報の流出といった不祥事を含むコンプライアンスの違反事例は、残念ながら増加傾向にあります。コンプライアンス違反は、組合員の資産や生活をおびやかし組合員の信頼を大きく損ないます。また、違反者個人の処分だけでなく、組織的には違反の調査や再発防止策の策定と実践に膨大な時間とコストがかかるなど、その影響は甚大となります。とくにインターネットが発達した今日の社会では、コンプライアンス違反の事実は瞬く間に広がり、かつ、長期にわたって世間の目に晒され、その影響が長期的かつ広範囲に及ぶ可能性もあります。したがって、これまで以上にコンプライアンスを徹底することが求められています。

本書では、営業店の担当者が実務のなかでコンプライアンスを達成できるよう、営業店に関する具体的な事例をもとに、知識だけでなく、営業店内に構築するべき内部統制、ＰＤＣＡサイクルによる改善活動といった、営業店がコンプライアンスを達成するための仕組みに着目した記載にしています。

具体的には、営業店で起こった33ケースのコンプライアンス違反事例ごとに、検討すべきポイント、事例に関連するコンプライアンス項目の解説とコンプライアンスを達成するための仕組みのポイントを解説しています。具体的な事例を採用するとともに解説をできる限りコンパクトにまとめていますので、ＪＡ内部での集合研修や営業店内での勉強会にも使用していただける内容としています。

本書が、ＪＡ職員皆様の実務に活用されるだけでなく、その結果、ＪＡ経営の基盤が強固なものとなり、ＪＡおよびＪＡグループはもとより、組合員や地域社会の発展にもつながることができれば幸いです。

なお、本書の意見にわたる部分については、執筆者の私見であることをあらかじめ申し添えます。

最後になりますが、本書の前身である月刊誌ＪＡ金融法務のコンプライアンス事例解説の連載に始まり、本書の企画、編集および校正にご尽力を賜りました経済法令研究会出版事業部のＪＡ金融法務編集部と石川真佐光氏に心より御礼を申し上げます。

2019年２月　　有限責任監査法人トーマツ　ＪＡ支援室

JA営業店のための読んで考える コンプライアンス事例集［目次］

第1章 事業共通

第2章 信用事業

第3章　共済事業

第4章　経済事業・その他

第1章 事業共通

Point 1 コンプライアンスとは

1 コンプライアンスとは

コンプライアンスとは「法令遵守」と訳されますが、具体的には、社会秩序を乱す行動や社会から非難される行動をしないこと、すなわち、適用される法令等はもとより内部規則およびマニュアル等、倫理および社会規範等、経営理念を確実に遵守することをいいます。組織の場合には、組織内に法令や内部規則等を遵守できる仕組みをつくるとともに、その仕組みを適切に運用することまで求められるものです。

多くのＪＡでは、「経営理念」や「コンプライアンス基本方針」、「職員行動指針」が定められています。すべての職員がそれらを理解したうえで、ＪＡ職員としてあるべき行動をとることがコンプライアンスの第一歩といえます。

そして、コンプライアンスはＪＡ職員１人ひとりの行動によって組織全体として達成されるものですので、皆さんの日常の業務、言動、すべてがコンプライアンスにつながるという意識をもつことが重要です。

JAにおけるコンプライアンス概念図

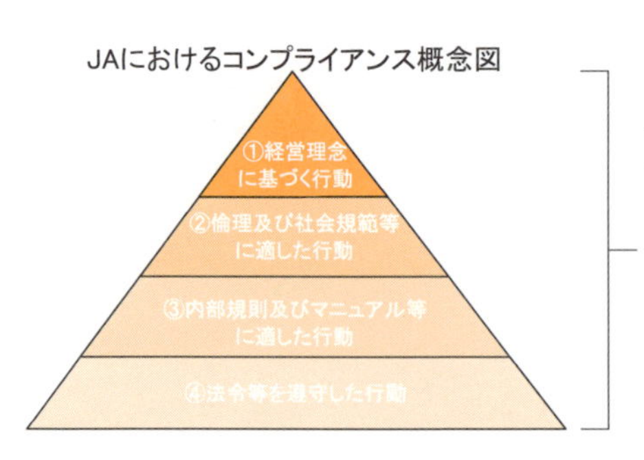

✓　4つの行動の実践
✓　4つの行動を実践できる仕組みづくり
（＝内部管理態勢の整備）

コンプライアンスの遵守

系統金融検査マニュアルでもコンプライアンス（法令等遵守）は、リスク管理等編の１番目に掲載されており、最重要項目であると位置づけられています。

系統金融検査マニュアルは、ＪＡを監督する行政庁がＪＡを検査する際に用いられる手引書ですが、各ＪＡでは当該マニュアルの内容に沿った仕組み（内部管理態勢）を構築することが求められます。検査は預貯金者を保護することを目的として行われるため、組合員の資産と生活を守るというＪＡの目的と整合していると言え、コンプライアンス態勢の構築にあたっては積極的に系統金融検査マニュアルを活用することが有用です。

ただし、系統金融検査マニュアルは今後廃止されることも想定されますので、その動向については留意が必要です。

【系統金融検査マニュアルの構成】

系統金融検査マニュアル									
経営管理（ガバナンス）									
金融円滑化編	リスク管理等編								
	法令等遵守態勢	利用者保護等管理態勢	統合的リスク管理態勢	自己資本管理態勢	信用リスク管理態勢	資産査定管理態勢	市場リスク管理態勢	流動性リスク管理態勢	オペレーショナル・リスク管理態勢

2 コンプライアンス違反の影響

コンプライアンス違反をした場合には、個人、その家族、所属する組織に多大な影響を与える可能性があります。違反者本人であれば懲戒による、降格、減給、退職といった所属する組織からのペナルティのほか、起訴・逮捕といった法的措置、風評といった社会的制裁を科されることになります。また、影響は違反者本人にとどまらず家族へも及ぶことは言うまでもありません。

組織については、信用失墜はもちろんこと、そのことによる取引量が減少することや、不正の調査、再発防止策の策定、再発防止策の実行（例：新たなシステムの導入や管理人員増強など）のコストが発生することなどによる間接的な経済的損失が、コンプライアンス違反による直接的な経済的損失を大きく上回る可能性もあります。

また、昨今のインターネットの普及により、コンプライアンス違反事案が、広範かつ永久的にインターネット上に晒されることも考えられ、個人および組織に与える影響は従来よりも大きくなっています。

【コンプライアンス違反による影響】

コンプライアンス違反者は職も家族も地域での日常生活も失うことがあります

コンプライアンス違反の顛末 1/2

違反者本人の事例

- ✓減給や降格になりました
- ✓周囲の目に耐えられず、職場にいづらくなり退職に追い込まれました
- ✓懲戒解雇となり職を失いました、再就職も難しい年齢です
- ✓犯罪行為について、組合等から訴えられ逮捕されました（業務上横領は起訴されれば10年以下の懲役となる重罪）
- ✓横領したお金を借金で返済しましたが、借金がいつまでも返済できず生活が苦しいです
- ✓インターネットに犯罪行為を行った人の情報が書き込まれてしまい、再就職や地域での生活が困難になってしまいました
- ✓インターネットに犯罪情報が書き込まれると削除が難しく、半永久的に残ってしまいます　等

家族・親族の事例

- ✓違反者が行った横領等により組合に生じた損失を家族・親族が肩代わりし、借金を背負うこととなりました
- ✓家族や親族の勤務先でも悪い噂が広まり、職場にいづらくなり退職を余儀なくされました
- ✓住居に抗議の電話・手紙・貼り紙・投石などがあり、日常生活を送ることが困難になりました
- ✓犯罪者の家族・親族として地域にいづらくなり、先祖代々の土地を手放して引越しを余儀なくされました
- ✓引越し先の地域でもインターネットの書込みから噂が広がり、定住が難しくなりました
- ✓家族は人の目を常に意識してしまうようになり心身ともに病気になりました
- ✓子どもは親が犯罪者であることにより、いじめにあってしまいました
- ✓子どもは生活苦や家族内の不和により非行に走りました
- ✓犯罪を犯した違反者への不信感や犯罪者の家族扱いされることへの疲労、借金苦などから離婚となりました
- ✓まともな就職先にもつけず、子どもを育てるのも困難となり、一家離散となりました　等

コンプライアンス違反者の責任は本人だけではとりきれません

コンプライアンス違反の顛末 2/2

組合（組織）の事例

- ✓コンプライアンス違反への対応（原因分析、再発防止策策定、報告資料作成等）に多大な時間とコストがかかりました
- ✓県から業務改善命令を受けてしまいました
- ✓不祥事例が新聞・テレビで報道され組合員や地域の人たちの信頼が失墜しました
- ✓組合への不信感がつのり、組合員離れが加速してしまいました
- ✓組合への不信感がつのり、貯金や共済の解約を招き、経営が困難になってしまいました
- ✓高校や大学から就職先として不適切であるとの烙印を押され、新規の採用が難しくなってしまいました
- ✓職員に不信感がつのり、職場環境が悪化しました
- ✓職員に不信感がつのり、離職が相次ぐようになってしまいました
- ✓インターネットにコンプライアンス違反の情報が書き込まれると削除が難しく、風評被害が半永久的に残ってしまいます　等

役員・上司・同僚の事例

- ✓役員は管理責任を問われ報酬を返上しました
- ✓上司は管理責任を問われ減給・降格となりました
- ✓役員・上司は管理責任を問われ辞任することとなりました
- ✓コンプライアンス違反をした本人だけでなく、周りの職員も気づいていて対処をせず、放置していたことが調査で発覚し、減給・降格となりました
- ✓コンプライアンス違反をした組織の一員として、取材や抗議の電話・手紙の対応に追われることとなりました
- ✓地域の人たちから不信感がつのり、店舗での推進や事務が正常に行えなくなりました　等

組合や大切な職員を守るために、コンプライアンスを管理する組織的な仕組みをつくることが重要です。

3 コンプライアンス違反の兆候

コンプライアンス違反が発生する場合、違反者本人の環境や気持ち、内部統制などの機能不全といったことが要因となりますが、その根幹には組織内の風通しが悪いことや組織風土に綻びがあることも少なくありません。

ご自身の組織を思い起こしてみて、次の表で「×」が多い場合には、コンプライアンス違反が発生する兆候があると考えられますので注意が必要です。

【コンプライアンス違反発生危険度チェックリスト】

	チェック項目	○／×
1	上司はコンプライアンス・倫理を重視している発言をする。	
2	会議では、議論が活発に行われる。	
3	同一部門・同一業務に長期間勤務する人は少ない。	
4	職務分掌、職務権限が周知され、守られている。	
5	自分以外にも、自分が担当している業務内容をよく知る人がいる。	
6	たとえ会社の不利益となったとしても、法律や倫理観、ルールを遵守するべきだと考える雰囲気がある。	
7	残業や休日出勤をする人はあまりいない。	
8	部門間の情報共有ができている。	
9	同業他社に比べると離職率は低い。	
10	業務上の事柄にかぎらず、困ったことや悩みごとを上司や同僚に相談できる雰囲気である。	
11	職場でのコミュニケーションは、メールなどの非対面による手段ではなく可能な限り対面でとられる。	
12	内部通報をする場合は、安心して通報できる。	
13	失敗や違反事例の内容や原因分析、改善策は可能な限り社内や職場で共有されている。	
14	交際費の使用は公正であり、特定の得意先との付き合いや接待が頻繁あるいは多額であることはない。	
15	ノルマについて非現実的な数値が設定されることはない。	

（出典）有限責任監査法人トーマツ「不正リスク対応実践ガイド」（中央経済社）をもとに作成

Point 2 不正のトライアングル

1 不正とは

日本公認不正検査士協会による定義では、職業上の不正を「雇用主のリソースもしくは資産を意図的に誤用または流用することを通じて私腹を肥やすために、自らの職業を利用すること」とし、“Report to the Nations on Occupational Fraud and Abuse 2018”ではさらに「執行役や取締役、従業員が自身の所属する組織に対して働く不正を指し、組織の資源と財産の保護を委ねられたまさにその人物による組織内部からの攻撃」としています。

これらを要約すると、不正とは「組織内部の構成員」が「自らの職務を利用」し「自らの利益のため」に「組織の資源を意図的に誤用または流用すること」と考えられます。

【不正の体系図】

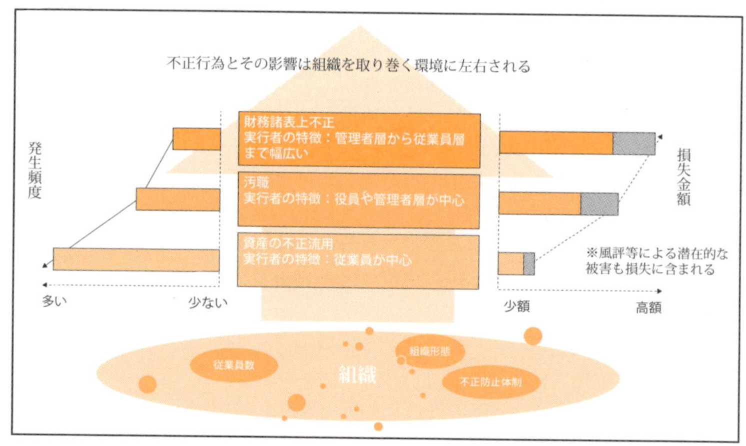

（参考）Report to the Nations on Occupational Fraud and Abuse 2018（公認不正検査士協会）

同報告書によると、不正は「汚職」「資産の不正流用」「財務諸表上不正」に大きく分類されています。

ＪＡにおける不祥事おいても、多くは「資産の不正流用」に関連するものであると考えられますが、どの行為であっても不正行為と判断される場合の多くは法規制の違反となり、重大なコンプライアンス違反となります。

2 不正のトライアングル

人が不正行為を働く心理については、米国の犯罪学者であるD.R.クレッシーが実際の犯罪者を調査した結果として「不正のトライアングル理論」を導き出しており、不正を及ぼしうるリスク（以下、不正リスク）の３要素がそろうかどうかで不正行為の発生可能性を評価する考え方が広く知られています。

【不正のトライアングル】

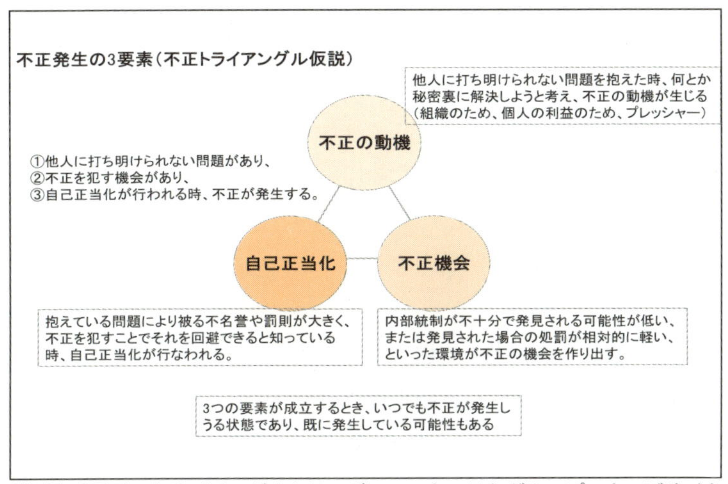

（参考）「不正のトライアングルとは」ディー・クエストグループ　ウェブサイトを基に筆者が一部加工

不正のトライアングルでは不正リスクの３要素である「動機」「機会」「自己正当化」を挙げており、これらの３つの要素がすべて成立するときにはいつ不正行為が発生してもおかしくない状態としています。

「動機」　　　……不正を行う動機（自己利益、プレッシャー）が存在しているか
「機会」　　　……不正が実行可能となる環境に属しているか
「自己正当化」……不正行為を積極的に是認してしまうような事情があるか

これらの要素は、必ずしもすべてそろっていることが不正行為の発生の要件というわけではなく、1つでも要素が認められる場合には不正の発生可能性は否定できない状況となります。

3 不正を防ぐには

不正行為を防ぐためには、「不正のトライアングル理論」をあてはめることにより、どのような不正リスクがあるかを検知し、それぞれのリスクに対した不正行為の防止策を構築することが重要です。

（1）不正リスクの検知

不正リスクは、「全くない」と言い切ることは困難です。

ただし、特定の領域について、そもそも該当が全くない場合にはリスクはない、と言い切ることもできる場合があります（例：金融機関の窓口業務は当然に金融業務とその事務手続きのみであり、製造業で存在するような製品流用のリスクは全くないと説明することはできるでしょう）。

具体的に不正リスクの検知を行うために、例えば以下のプロセスに沿った手続きを行うことが想定されます。

①組織を取り巻く法規制や経済動向など、不正につながる外部環境の状況について理解する。

②①の外部環境および経営者や機構、人員構成といった不正につながる組織の内部環境を踏まえ、不正を是正（防止または発見）するための内部統制（Point4「内部統制」で記述）の構築を推進する。

③内部統制の構築にあたり、以下のそれぞれ視点でリスクを把握する。

（イ）組織風土の形成やルールの整備といった組織の全般的な体制に関する不正リスク

（ロ）個々の詳細な業務のなかで生じうる不正リスク

このなかで、③の具体的なリスクの識別が特に重要となり、（イ）では組織の雰囲気が不正を是正するようなものとなっているか（「動機」「正当化」の抑制）、また、組織として不正を防止あるいは発生した場合にそれらを発見・是正する（「機会」の抑制）のに積極的であるかについて、（ロ）では個々の業務について不正を行う余地があるかについて評価を行うこととなります。

（2）不正行為の防止策の策定

不正リスクが一定程度あると評価される場合、それに対応する策を講ずることになります。

不正のトライアングルに当てはめると、「動機」と「正当化」は不正を起こす当事者の心の持ちようであることから防止策の策定には限界があります。一方、「機会」は例えばダブルチェックといった事務手続を導入するなど防止策を策定することが可能である場合が多いと考えられます。したがって、組織的には不正のトライアングルのうち「機会」の抑制に取り組むことが必要です。この「機会」を抑制する事務手続こそが、内部統制とよばれるリスク管理態勢の基本的な取組事項です。

当然に、組織として不正を是認する前提であってはいけませんので、普段から不正行為の防止策を継続的に構築・運用することによりリスクを低減することが重要です。

まとめ

- 不正は起きないという先入観を持たない（信頼できる人でも時と場合によっては不正をすることがある）
- 「いつもと何か違う？」という「不正の兆候」がある場合には、それを放置せず上司などに相談する（内部通報制度などの利用について職員へ周知する）
- 内部統制を適切に構築して運用することにより、とくに機会を防ぐ観点から「不正のトライアングル」が成立しない態勢を構築する

Point 3
ＰＤＣＡサイクル

1 ＰＤＣＡサイクルとは

コンプライアンス管理態勢に関しては、系統金融検査マニュアルや共済事業実施機関に係る検査マニュアル、経済事業を行う農業協同組合連合会に係る検査マニュアルなどにもあるべき姿が定められています。

各ＪＡは、このマニュアルを検査対応のためでなく、組合員の資産や生活を保護するための管理態勢を自律的に構築するうえで大いに参考とすべきです。その管理態勢の構築手法としてＰＤＣＡサイクルが有名です。

ＰＤＣＡサイクルは業務をＰ(Plan：計画)、Ｄ（Do：実行)、Ｃ（Check：検証)、Ａ（Act：改善）の４つの順に実行して継続的に業務を改善する管理態勢です。

ＰＤＣＡサイクルは、支店・部署、管理者層、経営者層、それぞれの階層内で取り組まれるものと組織全体で取り組まれるものの２つの観点が必要であり、それぞれの階層ごとで運用されるＰＤＣＡサイクルが他の階層と有機的につながり、結果として組織全体のコンプライアンス管理態勢を強化することが可能となります。 ちなみに、体制と態勢の違いは、「体制」は組織体制そのものといった形式的なもの、「態勢」は実際に機能が発揮されている状態にあるかどうかといった実質的なものであり、使い分けを意識し、形だけでない実質的な運用を達成することがポイントです。

2 ＪＡのコンプライアンス管理態勢においてＰＤＣＡサイクルに織り込むべき事項

ＪＡでは、コンプライアンス管理態勢について、以下で解説する「ルール」「体制」「教育・研修」といった内部統制の整備、「内部統制」の運用、これらの事後

【PDCAサイクルの意味】

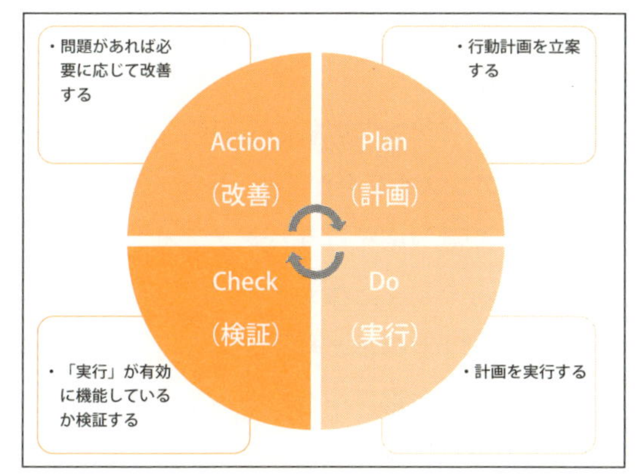

（参考）会社法研究部会編著「企業不祥事例と対応（事例検証）」

階層	P(Plan)	D(Do)	C(Check)	A(Act)
経営陣・理事会等	・経営方針の策定 ・決議事項の決定 ・組織体制の枠組みの策定 ・内部監査態勢の方針の策定	・方針に基づいて規程等の策定を指示 ・組織体制の整備を指示 ・内部監査態勢の整備を指示	・監事監査、内部監査、監査機構監査及び各部の報告を基に、問題点等を把握 ・問題点等の原因を分析または指示	・分析結果に基づき、問題点の改善案(規程または体制等)を策定
管理者・管理部門	・方針等に基づき、規程やマニュアルの整備・周知 ・組織体制の整備	・規程・マニュアルや組織体制の運用を指示	・各業務部門等の報告を基に運用上の問題点等を把握 ・問題点等の原因を分析または指示	・分析結果に基づき、問題点の改善案(運用方法の見直し等)を策定 ・規程または体制等の問題点及び改善案の経営陣等への報告
各業務部門・支店等	・基本方針等に基づき、各業務部門・支所等内の運用方法の策定	・規程やマニュアルに則って、業務を遂行	・各業務部門・支店等において自主点検を実施し、問題点を把握 ・問題点等の原因を分析または指示	・分析結果に基づき、問題点の改善案(運用の見直し等)の報告

「検証」、「改善活動」を行うことによって、ＰＤＣＡサイクルに取り組むことが考えられます。

（1）ルール（規定類）の整備と周知

「ルール」について、より上位規範である経営理念をもとにコンプライアンス基本方針と役職員の行為規範が定められ、各コンプライアンス項目で必要な方針、規程・要領、手引き・マニュアル類が制定されるとともに、事業共通的にコンプライアンスマニュアルおよびコンプライアンスプログラムが定められている例が多いと考えられます。ＪＡによってはさらにコンプライアンスハンドブックが制定されている場合もあります。

ルールでポイントとなるのが、各ルールが、実務おいて常に意識され、いつでも閲覧可能な状況となっていることです。

（2）組織体制の整備と運用

「体制」について、コンプライアンス態勢の全般的な管理を行う理事会・経営管理委員会およびコンプライアンス委員会があり、具体的なルールの制定や各支店・部署に対する指示と報告・相談対応を行うコンプライアンス統括部署および各コンプライアンス主管部署があります。各支店・部署ではコンプライアンス担当者が責任者として所属職員に対する指示と報告・相談対応を行います。また、コンプライアンスという性質上、法令違反や不正行為を発見した職員等が通常の報告ルート外で通報できるようヘルプライン（ホットライン）が定められています。

体制でポイントとなるのが、職員がヘルプライン（ホットライン）に直接連絡・通報できること、各事業に関するコンプライアンス事項であっても必要であればコンプライアンス統括部署に対して直接報告・相談するということです。

（3）コンプライアンスに関する教育・研修の計画と実行

「教育・研修」について、コンプライアンスプログラムのなかで研修の実施に関する事項が定められます。また、各支店・部署のコンプライアンス担当者は必要に応じて自発的に支店内で教育・研修を実施します。コンプライアンス統括部署は各支店・部署での教育・研修の実施をサポートするとともに実施状況を確認します。

教育・研修でポイントとなるのが、その内容が実務に整合していることや時事ネタを反映できていること、教育・研修形式として一方的に話をするのではなく、よりコンプライアンス意識を高めるため例えば事例を用いたディスカッション等を行うことです。

（4）内部統制の整備と運用

「内部統制」について、例えば個人情報の保管など物理的な安全措置が講じられるとともに、上記のルールに沿った各種様式が備えられ、職務分掌や役席者等によるチェックが行われます。また、事務ミス報告や苦情・相談対応報告が漏れなく把握され、コンプライアンス統括部署に報告される仕組みも内部統制です。

（5）各計画や整備された事項が運用されているかの検証

「検証」について、前記の内部統制が適切に運用されていることを確かめるために、支店・部署内で自主検査が行われるとともに、内部監査が実施されます。また、コンプライアンス統括部署および各コンプライアンス主管部署は必要に応じて臨店して内部統制の運用状況を確かめます。

（6）識別された要改善点について改善計画を策定・実行

「改善活動」について、自主検査や内部監査等で発見された不備事項については、一義的には支店・部署に改善責任があり、その不備が発生した根本原因を支店で分析のうえ具体的改善策を立案します。また、組織的な影響のある事項については、コンプライアンス統括部署により組織的な根本原因分析と改善活動を行います。

ＰＤＣＡサイクルの各プロセスはいずれも重要ですが、とくに十分な「検証」をしたうえで「改善活動」を実効的に運用することが重要であり、改善計画を次の「計画」に組み込むことで次のサイクルをより高度化することがコンプライアンス管理態勢の強化に必要となります。これは、Ｃから始まるＰＤＣＡサイクルとも言われます。

まとめ

- ＰＤＣＡサイクルの手法を理解する
- コンプライアンスの管理態勢の一環としてＰＤＣＡサイクルを活用する
- 厳格に検証（check）したうえでの改善活動（Act）と今後に活かすための次の計画（Plan）をつなぐ

Point 4
内部統制とは（予防と発見）

1 内部統制とは

（1）内部統制とは

内部統制とは、ＪＡの業務目的を達成するために、①業務ミスを防止または発見する、②業務を効率的に行う、③不祥事を防止または発見するために、組織内に作られる業務分担や事務手続きをいいます。

内部統制の目的	内　容
業務の有効性及び効率性	事業活動の目的の達成のため、業務の有効性及び効率性を高めること。
財務報告の信頼性	財務諸表及び財務諸表に重要な影響を及ぼす可能性のある情報の信頼性を確保すること。
事業活動に関わる法令等の遵守	事業活動に関わる法令その他の規範遵守を促進すること。
資産の保全	資産の取得、使用及び処分が正当な手続及び承認のもとに行われるよう資産の保全を図ること。

（出典）第一法規『内部統制の理念』(平成 19 年 12 月 25 日) より引用

内部統制は、経営者だけでなく組織の構成員全員が内部統制の整備と運用を果たす必要があります。内部統制の整備とは、必要な方針・業務分担・ルール・様式が決定され組織内に周知されることをいいます。運用とは、整備された内容に従って、継続的に内部統制が機能していることをいいます。

（2）内部統制の構築・整備および運用の必要性

ＪＡでは、協同組合組織として、組合員が協同して事業や活動をするために、組合員のために取り扱っている財産等を安心・安全に管理する必要があります。組織経営においては、組織目標を脅かす事象である事務ミスや不祥事等の発生を防止することが求められます。例えば、事務ミスや不祥事が発生することは、組合員の財産等を棄損し、組合員の信頼を損ねることになるため、ＪＡにとっての対応すべき重大な課題となります。そこで当該業務ミスや不祥事を防止または発見するためには、内部統制の整備・運用が必要となります。内部統制を整備・運用することにより、コンプライアンス違反の防止・早期発見が可能となります。

2 発見的統制と予防的統制

事務ミスや不祥事を防止・発見するためには、内部統制の整備・運用が必要であることは、前記1（2）で述べました。ここでは、具体的にどのような内部統制の整備・運用が必要であるかについて考えます。内部統制には、以下の予防的統制と発見的統制の２つがあり、予防的統制と発見的統制には一長一短があり、両者を組み合わせて整備・運用することが望ましいと考えられます。

（1）予防的統制の取組み

予防的統制とは、事務ミスや不祥事の発生を防止する事前予防的な統制です。例えば、次のようなものが挙げられます。

・担当者の権限に制限を設定する
・兼務すべきでない職務を明確にして分離する
・現金・重要用紙・在庫について鍵管理等物理的な保全の手続きを設ける
・取引を始める前に上席者が承認を行う
・ダブルチェックを実施する
・オペレーターカード、役席者カードによる制限を設定する
・上記のことを達成するためのチェック様式を定める

このような予防的統制によって、不祥事を未然に防ぐことができますが、例えば、取引の都度、その取引の開始前に上司が承認しなければならないなど、事務処理の負担が重くなる可能性があります。

（2）発見的統制の取組み

発見的統制とは、事務ミスや不祥事が発生した場合、あるいは発生の兆候がある時に、それを発見して是正する事後発見的な統制です。例えば、以下のようなものが挙げられます。

- システム上の帳簿残高と現金有高や在庫有高を照合する
- 帳簿残高と外部の証明書を照合する
- 上席者が日次、週次、月次といったタイミングで業務内容を確認する
- 貸出金・経済未収金の延滞や定期積金掛金の遅延の原因を確認・調査する
- 長期職場離脱制度を運用する
- 事務ミス報告を行う
- 自主検査を行う

発見的統制では、不祥事を事前に防止することはできませんが、例えば、都度のダブルチェックという予防的統制よりも、日次の現金精査という発見的統制のほうが、確認の頻度が減少するため事務処理の負担は軽くなるといえます。

また、発見的統制により、不祥事が起こったとしても事後的に発見することができるため、不祥事を抑止する効果があります。

統制の種類	不祥事に対する効果	事務処理負担
予防的統制	防止する	重い
発見的統制	抑止する	軽い

それから、内部統制には手作業による内部統制とシステムに基づく内部統制の２種類があります。システム統制は正確な処理を反復継続して行うことが可能ですが、導入にコストがかかること、支店等での導入・管理はしづらいこと、誤った処理が行われた場合にその影響が甚大となることに留意することが必要です。

3 機能していない内部統制を効果的に発見するために

内部統制は整備・運用するだけでなく、機能していない内部統制がないか、定期的に検証することが必要です。内部統制の不備等を発見する仕組みとして、日常のダブルチェックといった事務手続のほか、内部監査、自主検査・事務ミス等報告制度、本店による事務指導等が挙げられます。また、その前提として、本店事務担当部署による事務指導、リスク統括部門によるモニタリングが必要です。

日常業務以外の検証では、まずは支店役席者による自主検査で内部統制が機能

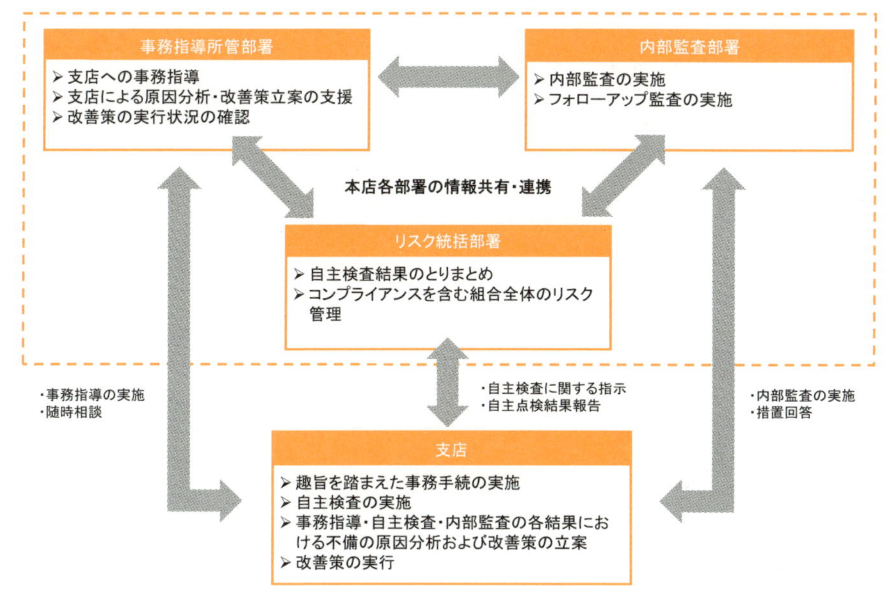

（出典）：2018年２月号JA金融法務「討議式コンプライアンス」

しているか確かめられ、次に内部監査でも確かめられることになります。支店における自主検査と内部監査は、内部統制の不備を発見するための両輪であるといえます。

これらの各事務手続の検証においては、押印の有無など形式的な事務手続が行われているかどうかという「事務手続遵守の目線」のほかに、原則的な処理が行えない場合の事務手続が適切に行われているかどうかの「例外処理の目線」と、現金・現物といった不祥事の直接の対象となるモノが適切に管理されているかといった「不祥事対策の目線」の３つの目線にもとづいて、それぞれの事務手続の状況を確かめることが、内部統制が本質的に機能していない状況を発見するために効果的であると考えられます。

目　線	内　容
①事務手続遵守	事務手続書の記載どおりに業務が行われているか確認する目線
②例外処理	例えば担当者や管理者の不在時など、やむをえず事務手続に記載されていない例外的な処理が必要な場合でも、状況に応じて適切に対応できているか確認する目線
③不祥事対策	例えば定期積金集金日修正の理由を追及するなど、形式的な証跡（押印・日付の一致など）だけでなく、不祥事対策の趣旨が理解されて業務が行われているか確認する目線

まとめ

- ●事務ミスや不祥事を防止・発見するため組織の構成員全員が内部統制を整備・運用する
- ●内部統制には、予防的統制および発見的統制があり、両者を組み合わせて整備・運用する
- ●内部統制は「事務手続遵守の目線」「例外処理の目線」「不祥事対策の目線」で定期的に検証する

Point 5 改善活動（原因分析）

1 改善活動（原因分析）とは

内部統制は整備・運用するだけでなく、機能していない内部統制が無いかにつき、Point4で解説したように定期的に検証することが必要です。そして、内部統制が機能していない、すなわち内部統制に不備がある場合には、不備の根本的な原因分析を行いその原因に対応した改善策を立案して改善しなければなりません。ＰＤＣＡサイクルによって内部統制の不備の発見と改善を繰り返し、内部統制を強固にする必要があります。

【内部統制の発見と向上】

不祥事を防止・発見するための内部統制の有効性向上

発見機能
機能していない内部統制を
発見できているか

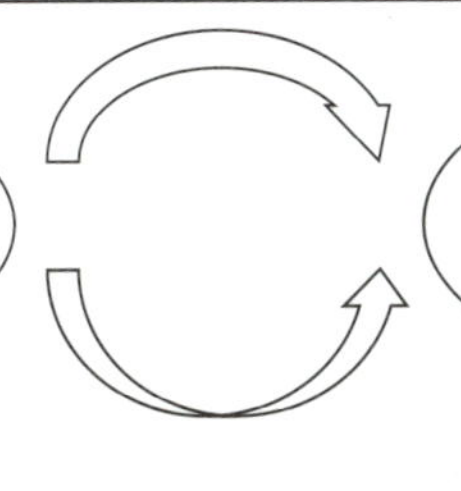

改善機能
発見した機能していない
内部統制を有効に改善で
きているか

（出典）トーマツ作成

2 事務手続の趣旨

内部統制を改善するには、事務手続の趣旨を踏まえた原因分析と改善策の立案が必要です。事務手続の趣旨とは、「なぜ、その事務手続が定められているのか」という根源的な事務手続の意義のことをいい、すべての担当者および管理者が趣旨を踏まえたうえで事務手続を実施することは、形式的な事務手続の実施では防ぐことのできない事務ミスや不祥事を防ぐことにつながります。

特に重要となるのが、職務分掌による相互牽制、現金・現物や鍵、端末カードといったモノに触れる機会の制限、受取書による現金・現物授受の記録などといった、不祥事を未然に防止することにつながる事務手続の趣旨です。これに関連して、指定された業務以外の実施、金庫の未施錠、役席者カード使用の事前承認の未実施、端末カードの机上もしくは未施錠の引出しでの保管などが見受けられる場合には、管理台帳等が形式的に整えられていたとしても、趣旨を踏まえた事務手続が実施できていないことになり、不祥事の温床となります。

ＪＡグループ内には、信用事業であれば統一事務手続といったように、多くの事務手続が定められ、職員の皆さまはその手続きを遵守して業務を行っています。ただ、記載された手続きが目的化してしまっていて、例えば検印という手続きが何のためが必要なのかということを深く考えずに流れ作業のように検印するなど、なぜその手続きを実施しなければならないのか、手続きが防止または発見する事務ミスとはどういうものかについて、理解が十分でない場合もあるのではないでしょうか。

3 発見された機能していない内部統制の改善活動

前記２において、機能していない内部統制の発見機能について触れましたが、発見するだけではなく、機能していない内部統制を有効に改善しなければいけません。以下において発見した機能していない内部統制の改善機能について述べていきます。

まず、検印やチェック証跡の漏れ、証憑間の不整合といった形式的な不備の指摘に終始せずに、なぜその不備が発生したのかを探求しなければなりません。

ある事例では、役席者が現金照合を実施し不一致を認識したものの、何故現金不一致が生じたかにつき原因追及をせず訂正処理をしていませんでした。内部監査担当者が役席者に問いただしたところ、他事業部から異動してきて日も浅く不一致の場合の事務処理について知識がないとのことでした。ここでは、役席者の認識不足があることは間違いないのですが、なぜ認識不足であったのかまで解明する必要があります。この場合、役席者への教育不足や現金違算報告書の様式に改訂の余地があったことが考えられます。

また、以下のように原因の類型にあてはめた根本的な原因分析を行うことが有用であると考えられます。

【原因の類型と分析】

原因の類型	内容
浅い原因	
理解	事務手続に対する担当者の理解が不足しているなど
より根本的な原因	
教育	十分な研修・事務指導を実施していないなど
ツール	使いにくい様式になっているなど
規程	明確な規程が定められていないなど
システム	統制を効果的に実施するためのシステムがない、システムが使いづらいなど
方針	役員がJAの統一的な方針を定めていないなど
体制	必要な人員が確保されていないなど

（出典）トーマツ作成

4 原因分析と改善活動

事務指導、自主検査、内部監査等で発見された不備事項については、一義的には支店・部署に改善責任があり、その不備が発生した根本原因を支店で分析のうえ具体的改善策を立案します。

ただし、支店での原因分析および改善策の立案は、原因分析や事務手続の知見の不足により、十分な原因分析が行われず、有効な改善策が立案できない場合があります。そこで、支店が実施した原因分析について、信用事業の知見が豊富な本店所管部署が確認し、必要に応じて指示・指導を行うことにより、深度ある原因分析が可能となり、同時に、支店による原因分析の底上げを図ることができます。

また、組織的な影響がある事項についてはリスク統括部署がより大局的な見地から分析し、例えば複数の支店で「頻発」しているような不備、同一支店で何度も「再発」しているような不備、現金・現物といった「不祥事に直結する項目」での不備といった組織的な対応が必要と判断された事項を本店の事務指導所管部署に指示します。

【組織的影響の検討の流れ】

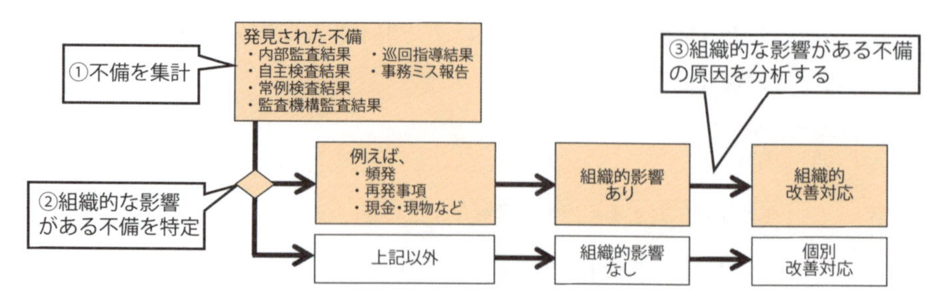

【不備集計と分析のイメージ】

不備発見機能	区分	不備指摘事項	年度	A支店	B支店	C支店	D支店	E支店	F支店	G支店
内部監査 監査機構監査	現金・現物・重要用紙	現金精査の未実施	平成28年度							
			平成29年度		○					
内部監査 自主検査	受取書等 集金管理	受取書の回収漏れ	平成28年度					○		
			平成29年度	○				○		
		定期積金の証書提出の確認未実施	平成28年度							
			平成29年度	○	○	○		○	○	
常例検査	・・・	・・・	平成28年度							○
			平成29年度				○			

（出典）トーマツ作成

まとめ

- 発見と改善を繰り返し、不祥事を防止・発見するための内部統制を強固なものとする
- 「なぜ、その事務手続が定められているのか」という事務手続の趣旨を理解する
- 支店にて原因分析・改善策立案を行い、本店事務指導所管部署が必要に応じて指示・指導を行うことにより、深度ある原因分析を支援する

次に、ここまで学んだポイントをもとに具体的な事例から学んでいきましょう。

1 守秘義務

融資担当の職員Aさんは、JA管内の出身です。Aさんは、日頃の疲れを癒すため、同じ管内出身で一般企業に勤めるBさんと居酒屋に行きました。

その日は、金曜日ということもあって、店内はとても混んでいました。ちょうどカウンターに2席だけ空いていたので、そこに座りました。顔なじみの常連客も多い店ですが、今日は2人の両脇には初めて見るお客さんが座っています。いい具合にお酒も回ってきたところで話題は中学時代の同級生の話になりました。

管内は農業地域で2人の同級生のなかには、専業農家を営んでいる人も多くいます。そのなかでもCさん家は代々いちご農家を営んでおり、最近、Cさんが親から継いで本格的にいちご農家として生計をたてています。

Aさんは、「Cなんだけど、あいつはこれからまた規模を拡大するらしいぞ。」「昨日、ビニールハウスを増設するための融資の相談に来たんだけれど、経営もうまくいっているようで審査も余裕で通りそうだ。」などと、Aさんが融資担当となって知ったCさんの近況話をBさんに話しました。その後「いやぁ、俺たちも頑張らないとな」と言い、同級生の活躍話を肴に明日への活力を養うことができたAさんとBさんでした。

事例から考えるポイント

- 業務上知り得た情報を伝える相手および場所の適切性を鑑みず情報を伝達した場合、どのような問題が発生する可能性があるか考えてみましょう
- 守秘義務違反を防止するために、どのような方法があるか考えてみましょう
- 守秘義務違反と思わしき場面に遭遇した場合、どのような対応をすべきか考えてみましょう

1 定義と考え方

守秘義務とは、業務上知り得た情報を他に漏らしてはならない義務をいいます。

守秘義務は、弁護士などといった一定の専門的な職種において、それぞれの職を規定する法律で明文化されています（弁護士法23条、国家公務員法100条１項等）。

また、医師や弁護士等の職種においては、秘密を洩らした場合の罰則が明文化されています（刑法134条１項）。

これは、一定の専門職種については顧客の秘密情報の取扱いが前提となるため、顧客のプライバシー保護を担保することでその職務を円滑に遂行できることを目的とするものです。

それでは、このような専門職種に該当しないＪＡの役職員はどうかというと、ＪＡの役職員についても信義則上の守秘義務が課されています（労働契約法３条４項）。信義則とは、社会共同生活において、ある一定の事情のもとでは相手方から期待される信頼を裏切ることのないように、誠意をもって行動すべきであるという原則をいいます。

ＪＡの役職員も、その業務遂行にあたって、利用者のプライバシーに関するさまざまな情報を知り得る立場にあります。利用者からみてもＪＡやその役職員を信頼して取引を行っています。これらの情報をむやみに開示されては利用者やＪＡが損害を被る可能性があります。事例のケースでは、Ｃさんの情報を聞いたＢさんや店内にいた他の客がＣさんに対して種々の営業行為を行うことや競合行為を

行うことにより、Ｃさんが経済的な損失を被ることや心的ストレスを感じることが考えられます。また、情報を得た他金融機関等がＪＡより有利な条件でＣさんに融資を行うことでＪＡに損害を与えることも考えられます。さらには、Ｃさんの情報がＪＡから漏れたことがＣさんだけでなく他の組合員にも知れ渡ることになると、ＪＡに対する信頼も失われＪＡにはさらなる損害が生じます。

秘密保持すべき情報は利用者の情報のほか、ＪＡの経営や業務に関する情報についても同様です。これらの情報については家族や友人などにも漏らしてはなりません。重要書類の外部持ち出しや紛失等についても注意が必要です。

また、秘密情報を第三者に漏らした場合には、当該職員およびＪＡは、不法行為等により損害賠償の責めを負う場合がありますので、その点についても認識しておくことが必要です。

2 守秘義務違反の予防と発見

このような守秘義務違反を防ぐためには、まずは就業規則や雇用契約書への守秘義務の明記や守秘義務に関する誓約書の提出をすることが考えられます。違反があった場合には損害賠償請求権が生じることを記載することも牽制になります。

ただし、規程を設けるだけでは不十分です。就業規則を定期的に読み込む職員は少ないでしょうし、就業契約書や誓約書は入組時に一度提出してその後目に触れないケースがほとんどです。そのため、継続的に研修を実施することにより、役職員に守秘義務があることを常に意識してもらうことが必要です。また、守秘義務があることを認識していても、具体的にどういった情報を誰に話してはいけないのか、どういう場合なら話してもよいのかといったことがわからないと、守秘義務を果たすことは難しいでしょう。そのため、研修の際には、具体的に起こりやすい状況を再現したケーススタディを織り込むことが効果的です。

また、万が一、守秘義務違反があった場合、事後的に発見できるような通報制度を設け、制度の存在を役職員に周知することも必要です。ＪＡ内で守秘義務違反を感知した場合のヘルプラインや、利用者や第三者が守秘義務違反を感知した場合の通報先としての苦情相談センター等が設置されていることは、事後的に守秘義務違反事象の発見につながるのみならず、その存在があることでＪＡの役職員が守秘義務に対して慎重になる効果もあります。

【守秘義務誓約書】

〇〇年〇月〇日

〇〇　農業協同組合
組合長　〇〇　〇〇　殿

守秘義務誓約書

私は、以下の事項を遵守することを誓約いたします。

1. 業務上知り得た、貴組合の技術および経営に関する秘密情報に関して、開示、漏洩、利用しないことを約束します。

2. 貴組合を退職した後においても、勤務中と同様に業務上知り得た、貴組合の情報および経営に関する秘密情報に関して、貴組合の許可なく開示、漏洩、利用しないことを約束いたします。

3. 業務上知り得た情報とは、個人情報、利用者及び取引先に関する情報、その他、貴組合が秘密情報と定める情報を含みます。

4. 前各条項に違反して、貴組合の秘密情報を開示、漏洩、もしくは利用した場合、貴組合が被った一切の損害を賠償することを約束いたします。

以上

住所＿＿＿＿＿＿＿＿＿＿＿＿＿＿

氏名＿＿＿＿＿＿＿＿＿＿＿＿＿＿

まとめ

- 守秘義務は全役職員に課せられている
- ケーススタディを織り込んだ研修を実施する
- 守秘義務を遵守させるための通報制度を設置し役職員へ周知する

2 接待・贈答（受ける側）

融資担当の職員Ａさんは、日頃の業務実績を認められて、甲支店の副支店長に昇進しました。

Ａさんは、農業とともに不動産賃貸事業を営む組合員Ｂさんに対して数年前より複数回の融資をしており、その後も融資機会を得ようとＢさんと頻繁に食事に行くなどプライベートでも懇意な付き合いを続けていました。

先ごろＡさんは、Ｂさんから副支店長昇進のお祝いとしてゴルフ旅行の招待の誘いを受けました。甲支店では、支店長を含む複数の職員が取引関係者から食事やゴルフの招待を受けており、Ａさんも抵抗感なくＢさんからの招待を受けました。そして、Ｂさんに旅行費用全額を負担してもらったうえに、Ｂさんが使用していた高級ゴルフクラブも無償で譲ってもらいました。

旅行から帰ってきてから数週間後、ＡさんはＢさんから、「農地拡大により早急に資金が必要となったため、無担保で農業融資をお願いしたい」との申し出を受けました。Ｂさんの直近の経営状況は良好ではなく、ＪＡのルールに照らすと現在の経営状況では無担保での融資は難しいため、Ａさんは対応に困っています。

事例から考えるポイント

●過剰な接待・贈答が行われた場合には、コンプライアンス上どのような問題が発生する可能性があるか考えてみましょう
●不適切な接待・贈答を予防するための対応策を考えてみましょう
●不適切な接待・贈答が発生しやすい職場環境を考えてみましょう

1 定義と考え方

接待や贈答は、わが国において古くから商慣習として文化的に根付いている側面があり、職場で見聞きすることや自分自身が当事者となる機会が日常的に発生するのではないかと考えられます。一般に、接待とは取引の契約や取引における値引き等の有利な条件を引き出すことを意図して対象者とともに飲食・ゴルフなどを行い対象者に金銭的な負担を求めないことを指します。また、贈答とは同様の意図により、金銭や物品を対象者へ譲渡することを指します。

接待・贈答は、仕事を円滑にすすめるためのコミュニケーションツールのひとつであるため、そのすべてが禁止されるものではありません。

ただし、一定の限度を超えた接待や贈答を受けてしまうと、その相手方との関係において、取引の公正性が損なわれるおそれがあります。その結果、例えば、特定の組合員に対する不正な情実融資が実行されたり、特定業者との取引上の癒着を招いたりすることがあり、場合によっては背任等の犯罪にまで至る可能性があります。また、不正な取引が実行されなかったとしても、第三者から不正の疑念を持たれてしまうことによって、当事者本人や所属する組織全体に不利益を生じさせることも考えられます。このように、接待・贈答はコンプライアンスの観点から問題が発生するケースが少なくないことから、その取扱いは慎重に判断する必要があります。

2 過剰な接待・贈答を予防するための対策

多くの組織では、コンプライアンスの観点から、行動規範や職務規程などの内部規程により、過度な接待・贈答の授受を制限しています。しかし、金額や物品種類などの範囲を具体的な基準を設けて制限することは一般的に困難であり、例えば、「社会的常識・儀礼の範囲を超える贈答や接待の授受は行ってはならない」というような抽象的な制限に留まるケースも多いと考えられます。そのため、このように具体的なルール化が困難な接待・贈答への対応を考える場合には、コンプライアンスの原点に立ち返って考えることが重要です。

（1）職員個人に求められる対応策

接待・贈答の誘いを受けた場合には、まず、組織で定められているルールの内容を十分に確認する必要があります。ただし、内部ルールを確認しても容認される範囲の基準が明確ではない場合があります。その場合はコンプライアンスの観点から、接待・贈答が容認される範囲を考えましょう。

コンプライアンスの観点からは、社会一般の良識や道徳に照らして判断することが重要です。具体的には、接待・贈答の金額や内容、頻度等が、社会通念上容認される範囲内と考えられるかどうか、接待・贈答を受けることで相手方との取引の関係に影響を及ぼさないかどうかなどの観点で考えることになります。ＪＡ職員としての自らの行動を組合員や地域社会に対し堂々と説明することができるのかという視点をもつことも有意義だと考えられます。また、接待を受ける場合は、必ず事前に上司に報告し承認を得ること、事後的にもその事実を報告することをルール化することも有効な予防手段になります。

（2）組織に求められる対応策

組織がとるべき対策としては、行動規範や職務規程等により、接待・贈答の授受に関する許容範囲を具体化するなど、役職員の行動ルールの整備をすることになります。

しかし、前述のとおり、具体的な基準の設定は困難なケースが多いと考えられ、例えば、取引先との飲食の場でのやりとりなど、接待・贈答の授受に関する判断を役職員個人の主観に委ねざるを得ない場合もあるため、個々の役職員の倫理意識の醸成を図ることが重要になると考えられます。

役職員への接待・贈答に関する知識の周知と倫理意識の醸成は、定期的・継続的な研修によって行われることが中心となりますが、倫理意識の醸成は抽象的な内容になりがちであるため、講師による一方的な解説のみを行うような座学形式ではなく、参加者同士のディスカッションや、講義内容に具体的な事例を多く取り込むことなどにより参加者の興味や当事者意識を積極的に引き出すような工夫が必要です。

また、研修の場のみではなく、日常の職場において、支店長をはじめとする現場責任者は、役職員が組合員や取引先等との関係がどのようになっているか、積極的にコミュニケーションをとり、適切にアドバイスすることにより継続的に倫理観の意識付けを行うとともに接待・贈答に関するコンプライアンス違反の兆候を把握することも有効な手段となります。

まとめ

- ＪＡ職員として自らの行動を組合員や地域社会の人々に説明できるかという視点をもって接待・贈答の授受に関する是非を判断する
- 接待を受ける場合には事前に上司に報告し承認を得る、また事後的にも報告することとする内部管理態勢を構築する
- 研修や日常において積極的にコミュニケーションを行うことにより、接待贈答に関するコンプライアンス違反の判断に役立つ倫理意識を個々の役職員に醸成する

3 接待・贈答（行う側）

融資担当の職員Ａさんは、懇意にしている組合員に、毎年ＪＡの経費で中元・歳暮を贈っています。Ａさんが中元・歳暮を贈り始めた頃は組合員に、ささやかな感謝の気持ちを伝える安価なノベルティ・グッズが中心でしたが、最近は組合員からの中元・歳暮に対する期待の高まりを受けて、高級食肉や旅行券などをプレゼントするようになりました。懇意にしている組合員からは大口の定期貯金契約や共済契約を結んでいただいており、Ａさんの業績は毎年よくなっています。組合員へのプレゼントであれば、ＪＡ内で経費の金額等について特段注意されることも無いため、Ａさんは今後も高額な贈答品を懇意にしている組合員にプレゼントする予定です。

ある日、ＪＡのコンプライアンス担当部署に「特定の組合員がＪＡの職員から高額な贈答品をたびたび受け取っている。」との苦情が寄せられました。コンプライアンス担当部署は職員の接待・贈答の状況について調査を開始しました。

事例から考えるポイント

- ●社会通念上相当な接待・贈答の範囲について考えてみましょう
- ●不適切な接待・贈答の実施を予防するための対応策を考えてみましょう
- ●不適切な接待・贈答の実施を発見するための対応策を考えてみましょう

1 社会通念上相当な接待・贈答の範囲

接待や贈答は、わが国において古くから商慣習として文化的に根付いている側面があり、職場で見聞きすることや自分自身が当事者となる機会が日常的に発生するのではないかと考えられます（接待や贈答に関する定義および問題点については前述の「接待・贈答（受ける側）」の内容を参照）。

接待はお互いに親交を深め、よりよい関係を築くために、時には必要とされる手段であり、贈答は日ごろの感謝・慰労等を表す有効な手段となります。接待・贈答は、仕事を円滑にすすめるためのコミュニケーションツールのひとつであるため、そのすべてが禁止されるものではありません。

接待や贈答に関しては、ＪＡによっては「行動規範」などで「取引先とは、社会通念上相当な範囲を超える贈答や接待の授受はしません」と定めている場合も少なくないと考えられます。

社会通念上相当な範囲とは抽象的な概念であり、具体的な範囲を明示することは困難ですが、交際費等に関する税務上の取扱いが社会通念上相当な範囲の１つの目安を示していると考えられます。

租税特別措置法61条の4および68条の66では、交際費等の損金不算入制度（企業会計上は「費用」でも、法人税上は「損金」の額に算入しない制度）の対象となる交際費等とは、交際費、接待費、機密費その他の費用で、法人がその得意先、仕入先その他事業に関係のある者等に対する接待、供応、慰安、贈答その他これらに類する行為のために支出するもの（以下①～②は除く）と定義されています。

①もっぱら従業員の慰安のために行われる運動会、演芸会、旅行等の為に通常要

する費用
②飲食その他これに類する行為のために要する費用で１人当りの支出額が5,000円以下のもののうち特定のもの
③その他政令で定める費用（カレンダー、手帳、扇子、うちわ、手ねぐい等の物品、会議に関連する茶菓、弁当等の飲食物　など）

税法上の交際費等の損金不算入制度は、企業の濫費の支出を抑制することをひとつの目的としたものです。したがって、損金不算入となるような接待や贈答の費用は社会通念上相当な範囲を逸脱したものになると考えられます。そのため、5,000円以内での接待や贈答であれば、社会通念上相当な範囲内での行為として認められるのではないかと考えられます。ただし、5,000円以内であっても接待や贈答が繰返し行われていたり、特定の方に限られていたりする場合には、社会通念上相当な範囲であるとはいえません。組合員とは「公正」「公平」にお付き合いする必要があります。

また、実務では、明らかに社会的常識に反する場合は別として、いわゆるグレーゾーンにあたるようなケースがあるでしょう。判断に迷ったときは、１人で判断してしまうのではなく、上席者やそれが無理な場合には所管部署に相談し、その指示を仰ぐ必要があると考えられます。

【社会通念上相当な範囲の目安となる「損金不算入」判断基準のフローチャート】

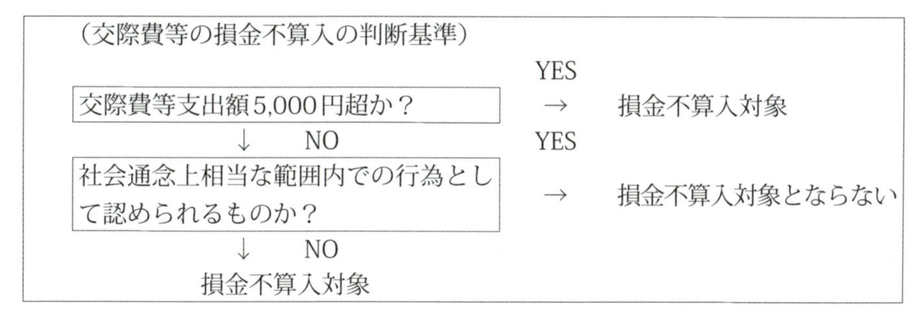

2 過剰な接待・贈答の実行を予防するための対策

接待や贈答をする場合、基本的にはＪＡの資金を費消することになります。そのため、接待や贈答に関しては、必ず事前の申請書を提出することが必要と考えられます。上席者は申請書の内容を閲覧し、接待や贈答の内容がＪＡのルールに従っていること、社会通念上相当な範囲であることをしっかりと確かめましょう。

また、過剰な接待や贈答がコンプライアンス違反になることや過剰な接待や贈答に該当するケースなどを研修等で職員に周知することも、これらを予防することに有効です。研修の際には具体的な事例を踏まえて説明することが、職員の理解を深めることになると考えられます。社会通念上相当な範囲は常識や良識に依存する部分があるので、研修等を通じて職員の１人ひとりの常識や良識を備えることも必要になります。

3 過剰な接待・贈答の実行を発見するための対策

接待や贈答をした場合は、職員による支払の際には、領収書だけではなく、接待や贈答の報告書を提出してもらうことが必要と考えられます。上席者は報告書の内容を閲覧し、接待や贈答の内容が申請書どおりであるか、申請書と異なる接待や贈答が行われている場合は、変更の理由が妥当であるかをしっかりと確かめましょう。

その他、本店・本所のコンプライアンス担当部署において、月次等の頻度で、支店・支所の接待や贈答の申請書および報告書を査閲することも、過剰な接待や贈答の実行を発見し、抑制することに役立つと考えられます。支店・支所での接待や贈答品の申請書の承認、報告書の査閲は過剰な接待や贈答を防止または発見する仕組みですが、この仕組みが有効に機能していることを、本店・本所が適時にモニタリングすることで、組織全体で仕組みが継続的に有効に機能していることを確かめます。

【飲食費（接待交際費）の申請書および報告書】

飲食費（接待交際費）申請書および報告書

<table>
<tr><td rowspan="8">事前
申請</td><td>事前申請日</td><td>担当者</td><td>承認者1</td><td>承認者2</td><td>承認者3</td></tr>
<tr><td></td><td>㊞</td><td>㊞</td><td>㊞</td><td>㊞</td></tr>
<tr><td>接待等月日</td><td colspan="4">接待等を実施する理由</td></tr>
<tr><td></td><td colspan="4" rowspan="3"></td></tr>
<tr><td>相手先及び人名（数）</td></tr>
<tr><td></td></tr>
<tr><td>JA 出席者</td><td colspan="4">接待等の内容（予定支出額）</td></tr>
<tr><td></td><td colspan="4"></td></tr>
<tr><td rowspan="6">事後
報告</td><td>事後報告日</td><td>担当者</td><td>承認者1</td><td>承認者2</td><td>承認者3</td></tr>
<tr><td></td><td>㊞</td><td>㊞</td><td>㊞</td><td>㊞</td></tr>
<tr><td colspan="2">接待場所・参加者・接待内容</td><td colspan="3">支出額</td></tr>
<tr><td colspan="2" rowspan="3"></td><td colspan="3">円</td></tr>
<tr><td colspan="3">1人当たり支出金額
円</td></tr>
<tr></tr>
<tr><td colspan="6">その他（必要事項）</td></tr>
<tr><td colspan="6"></td></tr>
</table>

まとめ

- 社会通念上相当と認められる接待や贈答の範囲を理解する
- 社会通念上相当な範囲を理解するために、職員1人ひとりの常識 や良識を備える
- 本店・本所においてモニタリングを実施し過剰な接待や贈答が行われていないことを確かめる

4 苦情処理

涉外担当の職員Ａさんは、組合員Ｂさんから訪問依頼を受けました。職員Ａさんは組合員Ｃさんも訪問する必要があったため、その日、組合員Ｃさんを訪問した後、組合員Ｂさんの家を訪問するように予定していました。しかし組合員Ｃさんを訪問した際の対応時間が想定より長くなってしまい時間が遅くなったため、職員Ａさんは後に予定していた組合員Ｂさんの家を特に連絡もせずに訪問しませんでした。

翌日、訪問を依頼したにもかかわらず連絡もせずに訪問しなかったことについて、組合員Ｂさんから苦情の電話を受けました。職員Ａさんは苦情をうけたものの、自分に落ち度があったため、気まずさから組合員Ｂさんから苦情があったことを上席者であるＤさんに報告しませんでした。その後、職員Ａさんが以前にも同じような過ちが何度かあったことから、組合員Ｂさんは上席者Ｄさんに直接電話をして苦情を訴えたので事態が発覚しました。

職員Ａさんは上席者Ｄさんとともに組合員Ｂさんの家を訪問し、今回の過ちについてお詫びしました。しかし、これまでに同じような過ちが改善されずに繰り返されたため、組合員Ｂさんは職員Ａさんだけでなく上席者Ｄさんの監督についても苦情を訴えました。

事例から考えるポイント

●苦情対応が何故重要かについて考えましょう
●組合員から苦情があった場合、どのように対応すべきか考えましょう
●ＪＡの苦情等受付・対応態勢について考えましょう

1 定義と考え方

（1）定　義

金融分野における裁判外紛争解決制度（金融ＡＤＲ制度）に則った「ＪＡバンク相談所　苦情・紛争の解決促進に関する規則、細則」では、「苦情とは、商品、サービスおよび業務に関して、組合等に対する不満足の表明であるものをいう」と定義されています。すなわち、苦情とは、商品や提供されるサービスの内容だけでなく、その業務の過程においても期待するものとは違う事態が発生したときに、組合員等が組合に対して「不満である」と表明することといえます。

また、苦情に真摯に対応し、解決することにより組合員等の不満は満足に変わりうるため、苦情を組合員等からの単なる叱責と捉えるのではなく、組合をよりよくするための貴重な意見として受け止めることが重要です。苦情に対して誠実に対応することは、組合員等の不満を満足にかえ、さらに信頼を獲得できるかどうかの大きな分かれ目であるとも考えられます。

（2）解　説

苦情への対応策として、場当たり的な対応ではなく下記の３つの観点で対応することが必要です。

・苦情発生を予防するための取組み
・苦情発生時に迅速かつ適切に解決するための取組み
・発生した苦情の原因を分析し、再発防止のための改善策を講じる取組み

（3）苦情発生を予防するための取組み

①　苦情発生を予防するための対策

当然のことですが、苦情は発生しないことが望まれます。そのためには、他の

事例などを参考に、苦情の原因となりそうなことを想定し、先手を打つことが重要です。

今回の事例では、職員Aさんが組合員Bさんを訪問できなくなった時点で連絡すべきでしたが、その対応ができていませんでした。訪問ができなくなったことを連絡し、代替の訪問日時を調整することができていれば、組合員Bさんからの苦情は発生しなかったでしょう。

また、さらに遡ってみると、職員Aさんは組合員Bさんの前に組合員Cさんを訪問する予定でしたが、その時間設定に無理はなかったのでしょうか。組合員Cさんを訪問した際の業務内容から見て、訪問時間が長くなる可能性を予見し、組合員Bさんの訪問までに余裕時間を設定できていれば、これもまた苦情が発生することはなかったでしょう。

上席者Dさんとしても、職員Aさんの組合員Bさんと組合員Cさんへの訪問を事前に把握して、訪問目的から時間が長くなる可能性を考えて職員Aさんに対して次のような助言・指導ができたかもしれません。

- 時間設定に余裕がないのではないか
- 訪問予定時間に遅れそうな場合には、訪問予定時間の前に連絡を入れてお詫びと訪問予定の再調整を行うこと

適切な助言・指導を行うために、職員が上席者に適時に連絡・相談・報告を行い、上席者が職員の訪問予定等の事業推進活動を把握できる内部管理態勢を構築することが重要です。

②苦情発生時に迅速かつ適切な対応

予防措置を講じていても、苦情が発生することはあります。苦情が発生した場合には、なぜ苦情が発生したのかその原因を把握し、苦情を申し立てた組合員等の立場になって、すみやかに対応することが重要です。

今回の事例での、対応上のポイントは2つあります。

まず1つ目は、職員Aさんが組合員Bさんから訪問依頼を受け応諾したにもかかわらず、連絡もせずに訪問しなかったことです。職員Aさんが約束を守らなかったことが苦情の直接的原因であるため、職員Aさんは誠実にその点をお詫びすることが必要です。また、お詫びをするだけでは、当初組合員Bさんが職員Aさん

の訪問を依頼した目的が達成しませんので、組合員Ｂさんの当初の訪問依頼事項に早急に対応します。

そして２つ目は、職員Ａさんが同じような過ちを繰り返していたため、組合員Ｂさんから上席者Ｄさんに直接、苦情の訴えがあり事態が発覚したことです。組合員Ｂさんが上席者Ｄさんに直接苦情を訴えているところから深刻な事態であると考えられます。上席者Ｄさんとしては対応を職員Ａさんだけに任せずに、Ｄさん自身の不手際と考えて事態の解決を図らなければなりません。

日常の業務のなかで、訪問の実施予定に関する連絡、訪問先での実施予定事項の相談、訪問後の報告を一連の手順とし、継続的な連絡・相談・報告態勢をつくることが重要です。このような態勢とするために「訪問予定/報告表」を作成し、事業推進活動における訪問予定や内容、訪問結果を担当者と上席者で共有する仕組みを構築することが有用です。

【訪問予定日・報告表の例】

訪問予定/報告表　　本日：20xx年xx月xx日

No	訪問予定日	ステータス	上位者確認	訪問先	訪問内容	次回訪問予定	報告事項	コメント欄（上位者用）
1	20xx/xx/xx	完了	完了	Cさん	新商品の案内	20xx/xx/xx	Y新商品のご案内について、パンフレットのお渡しと説明をしました。関心を強く持っていただいて、購入を予定いただけるそうです。	訪問ご苦労様でした。報告確認しました。好感触だったようなので、Cさんの要望があれば、また説明にお伺いしてください。
2	20xx/xx/xx	未着手		Bさん	先日購入いただいた商品の不具合に関するご相談		同日のCさんへの案内で時間が遅くなったため、訪問ができませんでした。	確認しました。Bさんには謝罪と次のアポはとっていますか？
3								
4								
5								

（4）発生した苦情の原因を分析し、再発防止のための改善策を講じる取組み

苦情に対してその都度対症療法的に対応するのでは、苦情はまた発生します。何度も苦情が発生するようであれば、組合員等からの信頼は失われます。そうならないように再発防止の改善策を講じなければなりません。

苦情の再発を防止するにあたって、内部管理態勢の構築とともに職員１人ひとりが、ＪＡの信頼を背負っていると意識して行動することが重要です。職員Ａさんが「連絡もせずに組合員Ｂさんを訪問しなかったこと」「上席者のＤさんに組合員Ｂさんからの苦情について報告しなかったこと」さらに何度も同じような過ちを繰り返していたことは、職員Ａさんにそれらの行動が組合員からの苦情となり、組合員からの信頼を失うことにつながるという認識がなかったためであると考えられます。この点、どのような行動が組合員からの苦情の発生につながるのか、苦情が発生した場合にはどう対応するのか、これらについて研修を実施し苦情発生の防止、発生した場合の対応を役職員に対して周知することが重要です。

また、苦情の対応にあたっては直属の上司だけでなく広く組合員からの苦情を受け付ける窓口を設けることが有効です。本部機能としての苦情受付窓口を設けることで、直接の事業推進部門による当事者としての対応だけなく、組合全体を意識した対応が可能となり、また、コンプライアンス統括部署、法務部等の関連部署との連携により組織的な苦情対応が可能となります。さらに、受け付けた苦情を発生した部署だけの事象とせずに、他の部署で類似の苦情が発生しないように防止活動へとつなげて、組合全体での取組みとすることが容易となります。

まとめ

- **苦情の発生を防止し、発生した苦情に迅速に対応するため、職員が適時に連絡・相談・報告する内部管理態勢を構築する**
- **苦情の再発を防止するために派生した苦情の原因を明らかにし、研修によって職員に苦情発生の防止と苦情に対する対応を周知する**
- **苦情受付窓口を設置して組合全体を意識した苦情対応が可能な態勢とする**

5 反社会的勢力

年度末の３月を迎え、渉外担当の職員Ａさんは年間目標の達成に向けて焦っていました。そんななか、組合員Ｂさんに対してリスク等の説明義務を果たさず投資信託を販売してしまいました。後日、このことが反社会的勢力とのつながりを噂されている利用者Ｃさんの知るところとなり、Ｂさんへの投資信託の販売経緯について秘密にすることを条件に、職員ＡさんはＣさんから多額の融資の申込みを受けました。職員Ａさんは、Ｃさんから上席者や他のＪＡ関係者に連絡されると、不適切な投資信託の販売として年間目標達成の実績が取消しになったり、人事上処分されたりするので、それは避けたいという思いはありましたが、一方で反社会的勢力とのつながりを噂されているＣさんの要求に応じることにも躊躇しています。

毎日のようにＣさんからは融資に応じるように催促されて、職員Ａさんは困っていますが、自らの業務ミスも露見することに加え、Ｃさんの申込みを断った時に報復があるのかもしれないと恐れるあまり、本件を誰にも相談できずにいます。

事例から考えるポイント

- 反社会的勢力とかかわりあうことの問題点について考えてみましょう
- 反社会的勢力から要求があった時の対応について考えてみましょう

1 反社会的勢力の定義

（1）定　義

「企業が反社会的勢力による被害を防止するための指針について（平成19年6月19日犯罪対策閣僚会議幹事会申合せ）」（以下、政府指針）によれば、反社会的勢力とは、「暴力、威力と詐欺的手法を駆使して経済的利益を追求する集団又は個人である「反社会的勢力」をとらえるに際しては、暴力団、暴力団関係企業、総会屋、社会運動標ぼうゴロ、政治活動標ぼうゴロ、特殊知能暴力集団等といった属性要件に着目するとともに、暴力的な要求行為、法的な責任を超えた不当な要求といった行為要件にも着目することが重要である」とされています。

2 反社会的勢力による被害を防止するための基本原則

社会の秩序や安全を確保するうえで、反社会的勢力との関係を遮断することが企業等の社会的責任として求められている今日において、反社会的勢力と組合や職員がかかわりをもつことは、組合の社会的信頼を大きく損なうことになります。したがって反社会的勢力に対して毅然とした態度で対処することが必要です。

政府指針では「反社会的勢力による被害を防止するための基本原則」が示され、またそれに基づく「平素からの対応」と「有事の対応」も示されています。

反社会的勢力による被害を防止するための基本原則 ○ 組織としての対応 ○ 外部専門機関との連携 ○ 取引を含めた一切の関係遮断 ○ 有事における民事と刑事の法的対応 ○ 裏取引や資金提供の禁止	
「平素からの対応」(一部抜粋)	「有事の対応（不当要求への対応)」
○(前略）経営トップは、反社会的勢力による被害を防止するための基本的考え方の内容を基本方針として社内外に宣言し、その宣言を実現するための社内体制の整備、従業員の安全確保、外部専門機関との連携等の一連の取組みを行う。(後略) ○ 反社会的勢力による不当要求が発生した場合の対応を統括する部署（以下「反社会的勢力対応部署」という。）を整備する。反社会的勢力対応部署は、反社会的勢力に関する情報を一元的に管理・蓄積し、反社会的勢力との関係を遮断するための取組みを支援するとともに、社内体制の整備、研修活動の実施、対応マニュアルの整備、外部専門機関との連携等を行う。 ○ 反社会的勢力とは、一切の関係をもたない。そのため、相手方が反社会的勢力であるかどうかについて、常に、通常必要と思われる注意を払うとともに、反社会的勢力とは知らずに何らかの関係を有してしまった場合には、相手方が反社会的勢力であると判明した時点や反社会的勢力であるとの疑いが生じた時点で、速やかに関係を解消する。 ○ 反社会的勢力が取引先や株主となって、不当要求を行う場合の被害を防止するため、契約書や取引約款に暴力団排除条項を導入する。(後略)	○ 反社会的勢力による不当要求がなされた場合には、当該情報を、速やかに反社会的勢力対応部署へ報告・相談し、さらに、速やかに当該部署から担当取締役等に報告する。 ○ 反社会的勢力から不当要求がなされた場合には、積極的に、外部専門機関に相談するとともに、その対応に当たっては、暴力追放運動推進センター等が示している不当要求対応要領等に従って対応する。(後略) ○ 反社会的勢力による不当要求がなされた場合には、担当者や担当部署だけに任せずに、不当要求防止責任者を関与させ、代表取締役等の経営トップ以下、組織全体として対応する。その際には、あらゆる民事上の法的対抗手段を講ずるとともに、刑事事件化を躊躇しない。(後略) ○ 反社会的勢力による不当要求が、事業活動上の不祥事や従業員の不祥事を理由とする場合には、反社会的勢力対応部署の要請を受けて、不祥事案を担当する部署が速やかに事実関係を調査する。調査の結果、反社会的勢力の指摘が虚偽であると判明した場合には、その旨を理由として不当要求を拒絶する。(後略) ○ 反社会的勢力への資金提供は、反社会的勢力に資金を提供したという弱みにつけこまれた不当要求につながり、被害の更なる拡大

○ 取引先の審査や株主の属性判断等を行うことにより、反社会的勢力による被害を防止するため、反社会的勢力の情報を集約したデータベースを構築する。（後略） ○ 外部専門機関の連絡先や担当者を確認し、平素から担当者同士で意思疎通を行い、緊密な連携関係を構築する。（後略）	を招くとともに、暴力団の犯罪行為等を助長し、暴力団の存続や勢力拡大を下支えするものであるため、絶対に行わない。

（出典）厚生労働省ウェブサイト「企業が反社会的勢力による被害を防止するための指針について（平成19年6月19日犯罪対策閣僚会議幹事会申合せ）別紙」

(1) 平素からの対応

平素からの対応については、毎日の通常業務のなかでの対応としてどのような取組みを整備し、実行に移すことが必要かを考えることが求められます。特に政府指針で掲げられるような反社会的勢力による被害を防止するための基本的考え方の内容を基本方針として社内外に宣言し、その宣言を実現するための社内体制の整備、従業員の安全確保、外部専門機関との連携等を組織として保持することは、職員が基本方針を理解することのみならず、組合内外での被害の発生を抑止するため、重要であると考えられます。

今回の事例では、Cさんは以前から反社会的勢力とのつながりを噂されており、基本方針に照らして関係を解消する必要があるかもしれないことについて認知されていたにもかかわらず、組合として取引関係を継続していた点に問題があると考えられます。また、Aさんは平素からの対応として、どこに相談するのかなどを把握できておらず、有事の際に報告すべき重要事項や、相談・報告窓口について十分な理解がなく、役職員に対する基本方針の周知が十分になされていなかったことも問題として考えられます。

(2) 有事の対応

有事の対応は、実際に反社会的勢力からの被害が発生した際に行える対応があるかどうかが重要になります。第一に組織内で報告を上層部ほか必要な部署に吸い上げる仕組みがあり機能していること、必要があれば外部の専門機関に問題を相談することのできるマニュアルを整備することが必要です。

今回の事例でいえば、①平素からの対応でも述べたとおり、Cさんからの要求があったことに対してＡさんまでで情報が止まっており、有事の際の報告プロセスが明確化されていなかったことにより、事実の発覚が遅れていることが問題になっていると考えられます。

⑶ 対　応

Ｃさんからの申込みを断固として拒絶しなければいけません。一度でも応じてしまうと要求はエスカレートしてしまうおそれがあります。そうなってからでは被害は拡大する一方ですので、初期段階において食い止めることが必要です。

そのために、反社会的勢力に対しては、取引関係を含めて、排除の姿勢をもって対応し、反社会的勢力による不当要求を拒絶するとした組織としての基本姿勢を明らかにすることが重要です。さらに政務指針で述べられる平素からの対応と有事の対応も参考として、反社会的勢力との関係遮断の基本姿勢を含む予防的な観点と被害の対応方針について、組合内外に明確化することが重要となります。

予防的な観点として、特に反社会的勢力対応部署を確立し、支店レベルで担当者を選定すること、報告のプロセスや対応方針を十分に整備しておくことが求められます。つねに対応部署や担当者が選定されていることにより、反社会的勢力との関係がある取引先や利用者の存在を継続的にモニタリングすることが可能となり、関係が把握された場合には調査を実施し、必要があれば関係の解消に踏み込むことによって事前に被害を防止できる可能性が高まります。

また、常時の対応部署の設置と対応プロセスのマニュアル化が進められることによって、実際に被害を受けた際の、必要な報告プロセスと対応方針が明確になります。

まとめ

- 反社会的勢力に対して関係遮断の基本方針を策定し、組合内外に明確にする
- 基本方針に則って、反社会的勢力による被害発生の予防措置を講じるとともに、有事発生時に速やかに対処できる態勢を平素から整える
- 反社会的勢力から不当要求が為された場合には、外部機関とも連携しながら毅然と拒絶する

6 マネー・ローンダリング

貯金獲得キャンペーンを行っていたＪＡの窓口に個人のお客さまが「キャンペーンの広告を見た。新規で貯金したい」と現金1,000万円を持参して来店しました。窓口担当のＡさんは、キャンペーンと定期貯金の内容を説明するとともに、新規の口座開設手順書にしたがって「本人確認の書類の提示してください」と求めたところ、「今日はうっかり忘れてしまった。明日持ってくるので、今日、口座を開設してほしい」とそのお客さまが拒否されました。Ａさんは、支店長が「貯金獲得キャンペーンの目標を達成するために頑張ろう」とその日の朝礼で話していたことを思い出し、お客さまの言葉を信じて貯金口座を開設しました。お客さまが帰られた後、その方は組合員ではなかったため、「本当に明日、本人確認書類を持って来てくれるだろうか」と不安になって、支店長へ相談しました。

事例から考えるポイント

- ●新規取引開始時や多額の現金での取引にあたり、本人確認書類の提示を求めるのはなぜか考えてみましょう
- ●新規の顧客がなりすましや本人特定事項を偽っていること等が疑われる場合、取引の可否判断に加えてどのような対応が必要でしょうか

1 マネー・ローンダリングとは

マネー・ローンダリング（資金洗浄）とは、違法な手段によって得た収益を、正当な取引で得たように見せかけるため、口座を転々とさせたり、その収益でいったん金融商品や不動産、貴金属などを購入した後に売却して再び金銭に替えたりして、お金の出所や流れを隠そうとすることです。

今世界中で深刻な問題となっているテロのような組織的な犯罪行為には資金が必要ですが、テロ資金も架空名義の口座の利用や、正規の取引を装うなどのマネー・ローンダリングの手段を用いて入手されるケースが多いとみられます。マネー・ローンダリングを放置すると、テロ資金等の供与につながりかねず社会にとって非常に大きな危険があるので、これらを防止するねらいは、資金面から犯罪組織、犯罪行為の根絶を目指すことにあります。

2 犯罪収益移転防止法による義務

ＪＡをはじめ金融機関等は「犯罪による収益の移転防止に関する法律」（以下、「犯罪収益移転防止法」）の対象事業者（「特定事業者」）として、顧客と一定の取引を行うに際して取引時確認を行うことが必要となるなど、一定の法令上の義務が課されています。

特定事業者に課されている義務は次のとおりです。

・取引時確認
・確認記録の作成・保存（７年間保存）
・取引記録等の作成・保存（７年間保存）
・疑わしい取引の届出（※司法書士等の士業者を除く）
・コルレス契約（※）締結時の厳格な確認
・外国為替取引に係る通知
・取引時確認等を的確に行うための措置
※国際決済を行うために海外の金融機関と結ぶ為替業務の代行に係る契約

犯罪収益移転防止法では、義務の対象となる業務（「特定業務」）の範囲が定められており、特定事業者が顧客と取引を行う際に取引時確認が必要となるのは、すべての取引についてではなく、特定業務のうち一定の取引（「特定取引等」）とされています。

金融機関等の場合、特定業務は金融業務、特定取引等は預貯金契約の締結、200万円を超える大口現金取引、10万円を超える現金の振込等が該当します。今回の事例では1,000万円の新規貯金契約であり、当然に特定業務の対象になると考えられます。

3 取引時確認

（１）取引時確認が必要な取引

取引時確認とは、特定事業者が特定取引等に際して行わなければならない確認をいいます。

特定取引等は、①特定取引と②ハイリスク取引（マネー・ローンダリングに用いられるおそれが特に高い取引）に分かれており、いずれの取引であるかにより、確認事項とその確認方法が異なります。

①特定取引には、預貯金口座の開設や大口現金取引が該当しますが、対象取引以外の取引でも、マネー・ローンダリングの疑いがあると認められる取引や、同種の取引の態様と著しく異なる態様で行われる取引は顧客管理を行ううえで「特別の注意を要する取引」として対象になります。

②ハイリスク取引とは、なりすましの疑いがある取引または本人特定事項を偽っていた疑いがある顧客との取引や、マネー・ローンダリング対策が不十分と認められる特定国等（イランおよび北朝鮮）に居住・所在している顧客との取引、外国の元首や大臣、政府高官など重要な公的地位にある者との取引等が該当します。

（2）取引時確認の方法

①通常の特定取引

通常の特定取引とは、特定取引のうちハイリスク取引に該当しない取引であり、取引を行うに際しては、次の事項の確認を行うこととなります。

- 本人特定事項
- 取引を行う目的
- 職業（自然人）または事業の内容（法人・人格のない社団または財団）
- 実質的支配者（法人）

「本人特定事項」とは、顧客が個人である場合は氏名、住居および生年月日、顧客が法人である場合は名称および本店または主たる事務所の所在地のことであり、運転免許証等の公的証明書等によりこれらを確認します。

確認に必要な公的証明書は顔写真の有無や、窓口などでの「対面取引」か、インターネットなどによる「非対面取引」かによって必要な書類が異なります。
取引時確認を行った場合には、直ちに確認記録を作成し、特定取引等に係る契約が終了した日から７年間保存しなければなりません。

特定取引等の任に当たっている自然人が特定取引等の相手方となる顧客と異なる場合には、顧客についての確認に加え、当該取引の任にあたっている自然人（「代表者等」）について、その本人特定事項の確認を行うこととなります。ここで「代表者等」は、法人を代表する権限を有している者には限られません。

代表者等の本人特定事項を確認するに当たっては、その前提として、代表者等が委任状を有していること、電話により代表者等が顧客等のために取引の任にあたっていることが確認できること等、当該代表者等が顧客のために特定取引等の任にあたっていると認められる事由が必要となります。

②ハイリスク取引

ハイリスク取引に該当する場合、通常の特定取引と同様の確認事項に加え、その取引が200万円を超える財産の移転を伴うものである場合には「資産及び収入の状況」の確認を行うこととなります。

また、マネー・ローンダリングに利用されるおそれの高い取引であることを踏まえて、「本人特定事項」および「実質的支配者」については、通常の特定取引を行う場合よりも厳格な方法により確認を行うこととされています。

以上を踏まえて、Ａさんは現金1,000万円を持って店頭に訪れた新規のお客さまの貯金口座の開設を行うにあたって、特定業務の対象になることを意識して、取引確認を徹底することが望まれる状況だったと考えられます。加えて、お客さまが1,000万円の貯金取引を行うに相応の資産・収入の背景を有しているかについて、源泉徴収票や確定申告書等によって確認を行う必要がありました。

4 疑わしい取引の届出

（1）届出の対象となる取引

犯罪収益移転防止法では、司法書士等の士業者を除く特定事業者は、「特定業務において収受した財産が犯罪による収益である疑いがある」「顧客等が特定業務に関し組織的犯罪処罰法第10条の罪若しくは麻薬特例法※第６条の罪に当たる行為を行っている疑いがある」と認められる場合には、疑わしい取引の届出を行政庁に行うこととされており、ＪＡでは各都道府県知事に届出を行うことになります。また、顧客との取引が成立したことは必ずしも必要ではなく、未遂に終わった場合や契約の締結を断った場合でも届出の対象となります。なお、事業者は、届出を行おうとすることまたは行ったことを顧客またはその関係者に漏らしてはなりません。

「組織的犯罪処罰法第10条の罪若しくは麻薬特例法第６条の罪」とは、簡単にいえば、犯罪によって財産（お金に限らない）を得た事実をごまかすことや、犯罪によって得た財産を隠すことであり、当然にそれ自体が処罰の対象となるものです。

特定事業者から届け出られた疑わしい取引に関する情報は、国家公安委員会・警察庁で集約し、整理・分析することにより、マネー・ローンダリング犯罪や各種犯罪の捜査等に活用されています。この届出制度は、取引に従事する事業者の職員の経験と知識によって支えられている制度であり、特定事業者を利用して犯罪収益が受け渡しされることを防止し、特定事業者が行う業務に対する社会の信頼を高めることにも寄与するものです。

※国際的な協力の下に規制薬物に係る不正行為を助長する行為等の防止を図るための麻薬及び向精神薬取締法等の特例等に関する法律

（2）疑わしい取引かどうかの判断

疑いがあるか否かは、個々の取引の形態や顧客の属性等によっても異なりますので、画一的な基準を定めることはできませんが、例えば金融庁がウェブサイトで公表している「疑わしい取引の参考事例」などが参考になります。ただし、これらの事例に形式的に合致するものがすべて疑わしい取引に該当するものではない一方、これに該当しない取引であっても、金融機関等が疑わしい取引に該当すると判断したものは届出の対象となることに注意が必要です。

以上を踏まえて、Aさんにおいても、不自然に本人確認を拒否するお客さまに対して懐疑を抱いて、疑わしい取引にあてはまるか否か、また、届出の必要性の判断まで行うことが必要だったと考えられます。

5 取引時確認等を的確に行うための措置

事業者には、取引時確認、取引記録等の保存、疑わしい取引の届出等を的確に行うために、取引時確認をした事項に係る情報を最新の内容に保つことや、使用人に対する教育訓練の実施等の措置を行うことが求められています。

さらに、事業者による各種義務の履行を確保するため、各々の事業者を所管する行政庁による報告徴収、立入検査、指導・助言・勧告といった権限が定められ、行政庁は、事業者が犯罪収益移転防止法に定める義務に違反していると認めるときは、事業者に対し、当該違反を是正するために必要な措置をとるべき命令（是正命令）を行うことができるとされています。

個人の場合

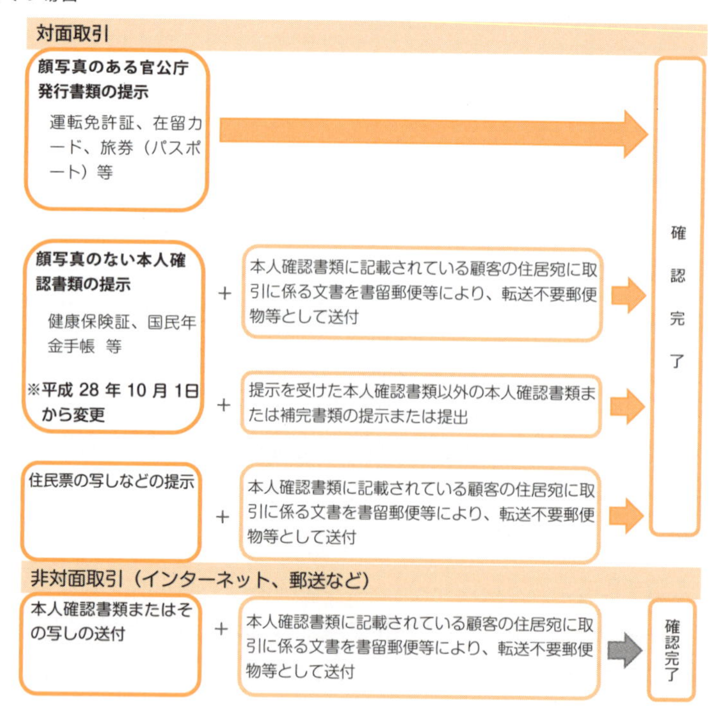

まとめ

- 特に特定取引について、公的証明書等の提示を求めて本人特定事項（氏名、住居および生年月日）の確認を行うとともに、取引の目的と職業についても確認する必要があることを理解する
- なりすましの疑いがあるなどハイリスク取引に該当するとみられる場合には、追加の本人確認書類の提示を求めるとともに、貯金取引を行うに相応の資産・収入の背景を有しているかについて、源泉徴収票や確定申告書等による追加確認を行う必要がある
- 届出が必要な疑わしい取引かどうかを検討することが必要で、疑わしい取引に該当する場合には口座開設をしない場合であっても届け出ることになる

7 個人情報保護法

職員Ａさんは、ＪＡの事業推進活動のために店舗や街角でアンケートを行いました。アンケートの記入用紙には、「アンケート結果の分析により改善点を把握し、サービスの見直しを行うため」と「ご記入いただいた方のなかから抽選でプレゼントを送付するため」と２つの利用目的を記載して、回答と連絡先を取得していました。

アンケートを集計したところ、貯金をはじめ資産に関する悩みごとが書かれているものも多くあることがわかりました。Ａさんは、ＪＡ貯金や取り扱っている国債・投資信託などの資産運用サービスに関する情報を提供することでお役に立てそうな方が多くいるのではないかと考えました。そこで、さっそく信用事業推進担当のＢさんに結果を相談しました。すると「資産運用サービスのご案内をするため、対象者の連絡先を教えてほしい」と言われたので、アンケートより入手した連絡先の一覧をＢさんに渡しました。

その後、ＪＡのお客様相談窓口にアンケート回答者から「ＪＡから資産運用に関する営業電話がかかってきたが、個人情報保護法違反ではないか」という苦情がありました。

事例から考えるポイント

- アンケート等で取得した個人情報を、通知した利用目的以外で利用する場合にどのような問題が発生するか考えてみましょう
- 個人情報の取得や利用を行う場合には、どのような点に考慮する必要があるか考えてみましょう
- 個人情報保護法違反とされるケースについて、他にどんなものがあるのか考えてみましょう

1 定義と考え方

個人情報の定義や遵守すべきルールは「個人情報保護法」（正式名称：個人情報の保護に関する法律）に定められています。この法律は2003年に成立し、2005年から施行されていましたが、2015年に改正され、改正法は2017年5月30日から施行されています。

この「個人情報保護法」では、個人情報を「氏名、生年月日、その他の記述等により特定の個人を識別することができるもの」と定義しています。

また、人種、信条、社会的身分、病歴等といった、より慎重な取扱いが必要な個人情報として「要配慮個人情報」があります。

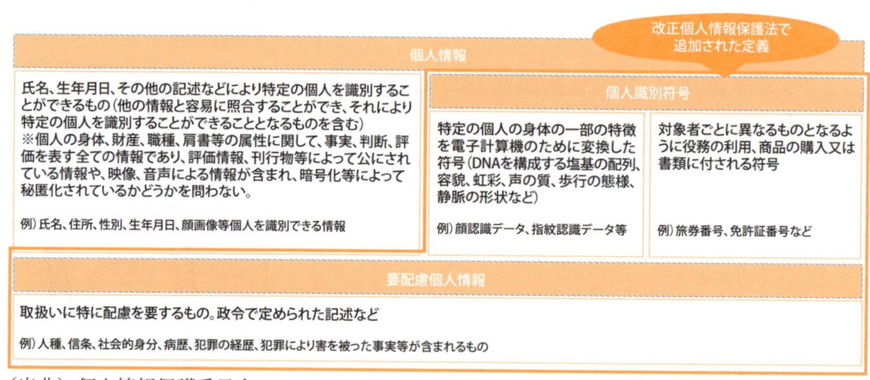

改正個人情報保護法で追加された定義
個人情報
氏名、生年月日、その他の記述などにより特定の個人を識別することができるもの（他の情報と容易に照合することができ、それにより特定の個人を識別することができることとなるものを含む）
※個人の身体、財産、職種、肩書等の属性に関して、事実、判断、評価を表す全ての情報であり、評価情報、刊行物等によって公にされている情報や、映像、音声による情報が含まれ、暗号化等によって秘匿化されているかどうかを問わない。
例）氏名、住所、性別、生年月日、顔画像等個人を識別できる情報
個人識別符号
特定の個人の身体の一部の特徴を電子計算機のために変換した符号（DNAを構成する塩基の配列、容貌、虹彩、声の質、歩行の態様、静脈の形状など）
例）顔認識データ、指紋認識データ等
対象者ごとに異なるものとなるように役務の利用、商品の購入又は書類に付される符号
例）旅券番号、免許証番号など
要配慮個人情報
取扱いに特に配慮を要するもの。政令で定められた記述など
例）人種、信条、社会的身分、病歴、犯罪の経歴、犯罪により害を被った事実等が含まれるもの

（出典）個人情報保護委員会

個人情報を取り扱う（取得、利用等）うえでは、特に次の４点について遵守することが大切です。

・個人情報を取得する本人に個人情報の利用目的を通知または公表する
・個人情報は本人に通知した利用目的の範囲でのみ利用する
・第三者に個人情報を提供する場合は、必ず本人の同意を得る
・利用目的、提供先を変更する場合は、必ず本人の同意を得る

上記の４点について、今回の事例で考えてみましょう。

Ａさんはアンケートを行うときに「アンケート結果の分析により改善点を把握し、サービスの見直しを行うため」と「プレゼント送付のため」と、個人情報を取得する目的を対象者に通知し、かつアンケートに明示しています。個人情報保護法では、書面により個人情報を取得する時には明示が必須となっていますが、今回の事例ではしっかりと実施しているので、１点目については問題ないでしょう。

その後、Ａさんは「ＪＡの事業推進活動のため」「同じＪＡ職員であるＢさんに個人情報を提供」しています。まず、「ＪＡの事業推進活動のため」は、対象者に通知したものとは異なります。そのため、２点目の「通知した利用目的の範囲でのみ利用する」に違反していることとなります。

一方、「同じＪＡ職員であるＢさんに個人情報を提供」について、これは問題ありません。

３点目にある「第三者」とは、個人情報を取得した事業者以外を対象としているため、同じＪＡ職員に提供するのであれば問題ないということになるわけです。もし、Ｂさんが他の組織の職員であれば、違反となっていました。

よって、Ａさんは、「ＪＡの事業推進活動のため」に個人情報を利用したいのであれば、４点目の「本人に事業推進活動のために個人情報を利用したい旨を通知して同意を得る」か、Ｂさんの申し出を「利用目的と異なるから」と断るべきだったということになります。

2 個人情報保護法違反の防止・解決に向けた取組み

①個人情報の取得時の留意点

個人情報を取得する前に、次のポイントを検討しましょう。

・個人情報を取得して、どのようなことに利用したいのか
・取得した個人情報を第三者（他のＪＡ等）に提供する可能性があるのか
・本人に対してどのように利用目的等を通知するのか

ただし、この３点を検討すればすぐに取得してよいわけではありません。

検討した内容で個人情報を取得して問題ないかＪＡ内の個人情報管理責任者に確認しましょう。

②個人情報の取得後の留意点

個人情報の取得後、利用・提供をはじめる前に、次のポイントを検討しましょう。

・取得した情報を本人に通知した利用目的以外の目的で利用する可能性があるのか
・取得した情報を本人に通知した提供先以外に提供する可能性があるのか

検討の結果、事前に通知した利用目的、提供先と異なる可能性があれば、取得した個人情報を利用しないか、利用目的、提供先の変更に関して本人の同意を得るようにしましょう。

③個人情報の管理

個人情報は非常に大切な情報であり、漏えい事故等が発生してしまうとＪＡの信用は大きく損なわれてしまいます。取得した個人情報の管理については、個人情報に関する取扱規程を定め、個人情報の取扱いに関して職員全員に周知しなければなりません。情報管理の重要性やそのポイントについて研修や講習を開催することで職員に正しい知識を周知することが重要です。

なお、個人情報の漏えいを防ぐには、紙の資料であれば鍵のかかる場所に保管し、電子データであればパスワードによる保護や外部から侵入されないサーバーに保管するなど、物理的に厳格な保管が求められることは言うまでもありません。

また、ＪＡ内での自己点検や内部監査において、お客さまからの苦情・相談報告に個人情報保護の観点から違反がなかったか、個人情報管理に関するルールが

順守されているか、など定期的に情報管理の遵守状況を確かめることが必要です。

近年、技術の進歩に伴ってさまざまな場面で個人情報を活用されるケースが増えていることから個人情報管理の重要性が高まっており、日本を含む各国では個人情報保護に関する法律の改正や制定等により対応を強化しています。

また、世間の個人情報に対する意識も変化してきており、もしＪＡの職員が個人情報保護法違反や、個人情報漏えいを引き起こした場合にはＪＡに対して非常に大きな影響を与えかねません。

個人情報を適切に取り扱うためのポイントをまとめると「目的や提供先を伝えたうえで取得、利用する」「適切に管理する」に尽きるのですが、普段から意識しておかないと思わぬところで違反や漏えい等につながるおそれがあります。

そのため、個人情報を取り扱ううえでのポイントを職員１人ひとりが、しっかりと理解し、意識することが非常に大切となります。

まとめ

●個人情報が利用できる範囲、違反となる範囲、個人情報の取得時および取得後の適切な取扱いについて、職員の理解を高めるための取組みを行う（研修等による教育等）

●個人情報は鍵のかかる場所での保管や、パスワードによる保護を徹底する

●自己点検や内部監査を通じて、ＪＡの個人情報管理態勢が適切に構築されているかを定期的に確かめる

8 出資の強要

組合員Ａさんは、老朽化したビニールハウスの建て替えを考えています。農産物の販売はすべてＪＡに委託しており、近くに営農資金を融通してくれそうな他の金融機関もないことからＪＡでのローンを検討しています。Ａさんは日頃から質素倹約を心がけて派手な生活はしてこなかったことから自己資金はある程度はありますが、金利の低い時期であり、何かあったときのために手元にある程度の資金を確保しておきたいため、全額を借入したいと思っています。

相談のためＪＡに連絡したところ融資担当のＢさんが自宅にやってきました。Ｂさんは「Ａさんの経営状態だと○千万円が限界ですね、残りの○千万は自己資金を出していただくことになります。」と伝えたところＡさんは「そうですか……」と残念そうに話しました。すると、ＢさんはＡさんの表情を見て「そういうご事情でしたら……」と話しを続けました。「ここ数年組合の出資金が減少傾向にありまして……出資金を増額していただければ全額融資も検討させてもらいます。」と言いました。出資については、すでに結構な額をしており、追加出資額も自己資金と比較すると少額なもののまとまった金額が必要です。今さら出資を増やすつもりはありませんでしたが、全額融資を受けられるのなら仕方がないと思い、額も額なので追加出資について家族と相談することにしました。

事例から考えるポイント

- ●出資を条件に有利な融資を提案することがコンプライアンス上の問題となる可能性について考えてみましょう
- ●優越的地位の濫用とは何か確認しましょう
- ●優越的地位の濫用を防止・発見するための仕組みを考えてみましょう

1 定義と考え方

優越的地位の濫用とは、自己の取引上の地位が相手方に優越していることを利用して、正常な商慣習に照らして不当に、次のいずれかに該当する行為をすることをいいます。

イ　継続して取引する相手方（新たに継続して取引しようとする相手方を含む。ロにおいて同じ。）に対して、当該取引に係る商品または役務以外の商品または役務を購入させること。

ロ　継続して取引する相手方に対して、自己のために金銭、役務その他の経済上の利益を提供させること。

ハ　取引の相手方からの取引に係る商品の受領を拒み、取引の相手方から取引に係る商品を受領した後当該商品を当該取引の相手方に引き取らせ、取引の相手方に対して取引の対価の支払を遅らせ、若しくはその額を減じ、その他取引の相手方に不利益となるように取引の条件を設定し、もしくは変更し、または取引を実施すること。

優越的地位の濫用は、私的独占の禁止及び公正取引の確保に関する法律（独占禁止法）において、不公正な取引方法の一つとして禁止されています。

事業者がどのような条件で取引するかは、基本的に当事者間の自主的な判断にゆだねられるものであり、当事者間の自由な交渉の結果、いずれか一方の当事者の取引条件が不利となることは当然起こり得ます。しかし、取引上の地位が優越していることを利用して一方の当事者が不当な不利益を強要される場合、自由かつ自主的な判断ができないため優越的地位の濫用が規制されています。

ただし、「自己の取引上の地位が相手方に優越していることを利用して」「商慣習に照らして不当に」行為が行われているかについては個別事情を勘案して判断されるため、行為が「優越的地位の濫用」にあたるかどうかの判断は難しいところです。

図表「優越的地位の濫用の考え方」参照

【優越的地位の濫用の考え方】

1「自己の取引上の地位が相手方に優越していることを利用して」

AがBに対し、取引上の地位が優越している

Bにとって A との取引の継続が困難になることが事業経営上大きな支障を来すため、A が B にとって著しく不利益な要請を行っても B がこれを受け入れざるを得ないような場合

①～④を総合的に考慮して判断

① BのAに対する依存度	② Aの市場における地位	③ Bにとっての取引変更の可能性	④ その他Aと取引することの必要性を示す具体的事実

2「正常な商慣習に照らして不当に」

正常な商慣習に照らして不当に

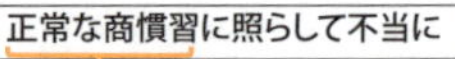

優越的地位の濫用の有無が、公正な競争秩序の維持・促進の観点から個別の事案ごとに判断されることを示すもの

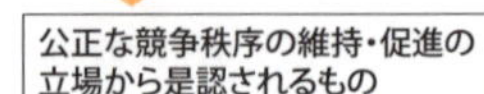

公正な競争秩序の維持・促進の立場から是認されるもの

現に存在する商習慣に合致しているからといって、直ちにその行為が正当化されることにはならない

公正取引委員会「優越的地位の濫用に関する独占禁止法上の考え方」を要約
https://www.jftc.go.jp/hourei_files/yuuetsutekichii.pdf

事例のケースでは、Ａさんには他の候補となる金融機関が近くにないことからもＪＡが優越的地位にある可能性は高く、またその地位を利用して融資とは関係のない出資を要求しているので優越的地位の濫用にあたる可能性は高いと考えられます。

仮に優越的地位の濫用と認定された場合には、排除措置命令や課徴金納付命令が出され、ＪＡは経済的に損害を受けるとともに社会的信頼を損ない大きな損害を被ることになります。

2 予防と発見

優越的地位の濫用に関して、組合が問題を起こさないためには、まず当該優越的地位の濫用に関して理解することが必要です。意図的でないにしろ交渉の範疇のつもりで提示した条件が優越的地位の濫用とされる場合があります。また、優越的地位の濫用が生じた場合の損害の理解が必要です。優越的地位の濫用とされた場合にＪＡが被る損害を認識しておくことで、優越的地位の濫用と認定されないように慎重に顧客との取引を行うことができます。

そのため、優越的地位の濫用につながる可能性がある取引を行う職員に対しては定期的に法律の理解を促す研修が必要です。特に現場で起こり得る状況をイメージした具体的なケーススタディが有効です。

また、社内向けの通報窓口や社外の苦情窓口を設け、優越的地位の濫用が懸念される事象については情報を吸い上げることが必要です。当該通報窓口の設置によって懸念事案に対して早急に対応することができます。また、通報を受けた懸念事案の事実確認の際には発生原因となった営業店担当者の報告等のみを判断の根拠とせず、必要に応じ、本部等の担当者が苦情者等に直接確認するなどの迅速な対応が求められます。迅速な対応を取るために、関係部門が連携して解決できる態勢をあらかじめ整備しておくことが重要です。さらに発生した事象および懸念される事象についてはそれらの事象について発生した状況や原因を検討し、再発防止策を策定して周知する必要があります。

まとめ

- 優越的地位の濫用にあたるかどうかは個別事案ごとに判断される
- 優越的地位の濫用について定期的に研修等を実施し、周知・理解する
- 発生または懸念される事象に対して適切に対処し、再発防止策を策定する

9 ＳＮＳ利用

涉外担当者のＡさんは、ＳＮＳをハンドルネーム（本名とは関係ない、ウェブ上の仮名）で登録し、プライベートな時間を使って、その日あった出来事やとりとめのない内容を書き込んでいました。職業は明記していませんが、過去の発言や画像などからＪＡで働いていることが推測できます。

ある日Ａさんは、担当している組合員から苦情を受けましたが、その組合員の態度や言い方に納得がいかなかったことから組合員に対する不満（悪口）を書き込みました。Ａさんは気付いていませんでしたがその書き込みには、個人を特定できる内容が含まれていました。その内容が衝撃的であったことから瞬く間に拡散され、いわゆる「炎上」してしまいました。その結果、Ａさんは働いているＪＡを特定されただけでなく、住まいや家族、学歴など個人情報まで特定されてしまいました。恐くなったＡさんはその書き込みを削除し、ＳＮＳの登録自体も削除して支店長に相談しました。この経緯は職場全員の知るところとなり、ＪＡの評判を下げる内容を外部に発信したとして、処分が検討されることとなりました。

事例から考えるポイント

●SNS利用による注意点として、どのような点が挙げられるか考えてみましょう
●組合員のSNS利用による組織的被害を防止・発見するために有効な内部統制について考えてみましょう

1 定義と考え方

（1）SNSとは

まず、SNSは「Social Networking Service」の頭文字で、インターネットを活用した会員制サービスの総称を指します。身近なSNSとしては、Twitter（ツイッター）、Facebook（フェイスブック）、LINE（ライン）、mixi（ミクシィ）Instagram（インスタグラム）等が挙げられます。

SNSの特徴としては挙げられるのは、主に次のような機能です。

・友人同士でインターネット上のグループを作成し、そのなかで一斉に文字や音声でコミュニケーションが取れる
・グループ内で動画や写真を共有できる
・新たな友人をグループに招待して、ネットワークを広げることができる

（2）今回の事例について

今回の事例では、Aさんは本名や職場を明らかにせずにSNSを利用していました。また、「炎上」したためすぐに利用登録を削除してアカウントを閉鎖しました。この点について、さまざまなことが考えられます。

・アカウント情報に本名や所属組織名が載っていなければ問題ないのでしょうか
・「炎上」したらアカウントを閉鎖すればよいのでしょうか
・仮に、業務上SNSを利用するときにはどのような問題が生じるのでしょうか
・そもそもSNS利用に際して、どのようなリスクがあるのでしょうか

今回のケースでは、まずJAという特定の組織名および個人名を出していない

にもかかわらず、「炎上」してしまいました。事例ではＡさんは一切個人情報を明らかにしていませんでしたが、普段の何気ない発言や画像から個人特定の絞り込みが可能だったのです。またＡさんの発言をフォローする人々のなかには、ＪＡ職員や組合員であることを明らかにしている人もいたかもしれません。そのような情報からも特定されることは考えられます。このように、さまざまな情報から個人を特定し得る可能性は十分に存在し、実際に個人および所属組織まで特定されてしまうケースは多く見受けられます。ＳＮＳ利用によるリスクは、個人的な「炎上」という被害だけでなく、所属する組織に対する風評被害につながる可能性があるのです。つまり、「ＪＡという固有名詞を出さず、かつ個人名を出していないから、ＳＮＳを利用した情報発信は個人の自由である」と考えることは、ＪＡにとって大きなリスクが伴います。

2 ＳＮＳ利用によるリスクに対応する予防・解決に向けた取組み

このようにＳＮＳ利用から生じるリスクについて、組織的にはどのような対応が必要でしょうか。ここでは、情報セキュリティ上のポイントである、（1）心（道徳心）（2）技（技術）（3）体（体制）の３つについて考えます。

（1）心（道徳心）の取組み

最初に「心」の部分ですが、これは内部統制でいう統制環境の話です。統制環境とは内部統制の構成要素の１つで「組織全体にわたって内部統制を実行するための基礎となる一組の基準、プロセスおよび組織構造である」とされています。具体的には「ＳＮＳではこういった内容は発信しても問題ないが、このような内容は発信してはいけない」という線引きの設定を組織的に取り組むことが考えらます。道徳心を持ち、些細なことが炎上につながることを心掛け、自分自身のＳＮＳで兆しが見えた場合にはもちろん、自組織、ＪＡグループに関する兆しがある場合には適宜報告するよう心掛ける必要があります。そのため、ＳＮＳを利用することのリスクや認められる発言の内容を職員全体が統一した水準で判断できるよう、ルールの制定や教育・研修を実施するとともに、何よりもコンプライアンス意識を徹底するための職場風土の醸成が職員・支店レベルから必要となります。

（２）技（技術）の取組み

続いて技の部分ですが、これは内部統制でいう統制活動の話です。統制活動とは、「（１）心」と同じく内部統制の構成要素の１つで「統制活動は、目的の達成に対するリスクを低減させる、経営者の指示が確実に実行されるために役立つ方針、および、手続きを通して確立される行動である」とされています。具体的には組織のシステム制御によって、ＳＮＳの利用へのシステム上の制限が該当します。ＳＮＳ利用が組織的に利用されているならば、問題を引き起こす可能性を含むワードがある場合には投稿できないようにシステム上制御することや、組織的にＳＮＳを利用する際にパスワードを利用することで利用を制限する等の技術を指します。そのため、技術・モニタリングシステムを構築する、あるいは外部業者に委託することが必要となります。

（３）体（体制）の取組み

最後に「体」の部分ですが、これは内部統制でいうモニタリング活動の話です。モニタリング活動とは、統制環境・統制活動と同じく内部統制の構成要素の１つで「内部統制が有効に機能していることを、継続的に評価するプロセスをいう」とされています。具体的には、組織に影響を及ぼすような「炎上」事例が発生した際には迅速に発見し、報告を受ける組織体制を構築することが考えられます。併せて、個人がどのようなＳＮＳを利用しているかを継続して上席者が監視する必要があります。

まとめ

- ●ＳＮＳを利用するにあたっては、道徳心を持ち、些細なことが炎上につながることへの心掛け
- ●組織のシステム制御によって、ＳＮＳ利用へのシステム上の制限
- ●組織全体としてＳＮＳに影響を及ぼすような「炎上」事例が発生した際には迅速に発見し、報告を受ける組織体制の構築

10 パワーハラスメント

共済課に長年勤めているグループリーダーのＡさんが担当するグループは、最近、月間業績目標の未達が続いています。Ａさんは目標未達の対策について誰かに相談したいと考えていましたが、その機会はありませんでした。またＡさんの所属する共済課のＢ課長は、ほかの職員がいるなかでＡさんに対して度々、叱責していました。時には「それでグループリーダーが務まると思っているのか」「グループリーダーを辞めてもいいんだぞ」などの厳しい口調で叱責することや本人を含む職員十数名にメールを同時送信する方法で「やる気がないなら辞めるべきだと思います。ＪＡにとって損失そのものです。あなたの給料で業務職が何人雇えると思いますか？　これ以上迷惑をかけないでください」と送信することもありました。

Ｂ課長はＡさんを叱責することでＡさんの奮闘を促そうと考えていましたが、ＡさんにとってＢ課長の叱責は、過大なプレッシャーとなっており、精神的にも肉体的にも疲れています。Ａさんがリーダーを務めるグループのメンバーは、Ｂ課長の行為がパワーハラスメント（以下パワハラ）にあたるのではないかと思い、どうしたらよいものかと考えています。

事例から考えるポイント

- 職場における言動がパワハラとなるケースについて考えてみましょう
- 職場におけるパワハラの防止の効果を高めるために、どのような対策があるか考えてみましょう
- 職場環境に対するチェックや未然の防止対策を日頃から整備することの重要性について考えてみましょう

1 定義と考え方

厚生労働省では、職場のパワハラを「同じ職場で働く者に対して、職務上の地位や人間関係などの職場内の優位性を背景に、業務の適正な範囲を超えて、精神的・身体的苦痛を与える又は職場環境を悪化させる行為」と定義しています。

さらに職場のパワハラの次の6類型を典型例として整理しています。

・身体的な攻撃……暴行・傷害
・精神的な攻撃……脅迫・名誉毀損・侮辱・ひどい暴言
・人間関係からの切り離し……隔離・仲間外し・無視
・過大な要求……業務上明らかに不要なことや遂行不可能なことの強制、仕事の妨害
・過小な要求……業務上の合理性なく、能力や経験とかけ離れた程度の低い仕事を命じることや仕事を与えないこと
・個の侵害……私的なことに過度に立ち入ること

今回の事例では、Ａさんが担当するグループの成績が不振であったことから、Ａさんを叱責してその奮闘を促す必要があったとしても、ほかの職員がいる前で長年勤めてきたＡさんに対してグループリーダー失格であるかのように叱責することは、名誉毀損・侮辱・ひどい暴言にあたり、精神的な攻撃であると考えられます。

2 パワハラの予防・解決に向けた取組み

（1）トップによる取組み

組織のトップは、職場のパワハラは、生産性の低下、業績の悪化、訴訟への発展、人材の流出、企業イメージの失墜等のリスクがあり、組織の活力を削ぐものであると認識し、パワハラが生じない組織文化をつくることが重要です。そのため、トップから全職員で取り組むべきであることを明確に発信することが必要です。また、なぜ重要なのかについても伝えるとともに、トップ自身が模範となりその姿勢を明確に示すことが求められます。組織のトップとは、ＪＡであれば役員が該当し、部署や支店では、部長や課長、支店長が該当します。

（2）上席者による取組み

上席者の立場にある人は、自身がパワハラをしないことは当然ですが、部下にもさせないように管理することが求められます。ただし、上席者には、職場をまとめて人材を育成する役割があります。役職者としての権限に基づいて必要な指導を適切に行うこととのバランスが重要となります。指導や注意を行うにあたっては「事柄」を中心に行い、「人格」攻撃とならないようにする。部下の立場や尊厳を尊重する。部下の能力を向上させるための取組みなどが考えられます。

（3）職員１人ひとりによる取組み

パワハラか必要な指導・育成にあたるのか、その判断は難しいと感じられます。また、この事例でも目標未達の対策について相談する機会がなかったなど、上席者と部下のコミュニケーションが少ないこと、すなわち職場内のコミュニケーション不足がパワハラの発生につながったとも考えられます。そこで、面談の場を定期的も設けることや、朝礼で職員に発言する時間を与えることなどにより職場内のコミュニケーション環境を整えるとともに、１人ひとりが、互いの人格を尊重し、価値観、立場、能力などといった違いを認め合い、上席者、部下、同僚の関係で理解し協力し合う適切なコミュニケーションを形成することがパワハラの予防につながると考えられます。部下の立場からは、仕事の進め方について疑問や戸惑いがあれば上席者に適切に伝える、上席者からの注意や指導を受けた理由が自分自身の成長のためであるか考えてみる、仕事への取り組み方や勤務態度に改めるべきところがないかについて、自分自身を振り返ってみることが考えられます。また、職場のパワハラを見過ごさずに向き合い、声を掛け合うなど、互いに支えあう環境を作り出すことも重要です。

（4）組織全体としての取組み

パワハラを放置せず、尊厳や人格を大切にする組織としての方針を明確し、定期的に研修等を実施し、ハラスメント防止方針やハラスメント相談窓口の連絡先を記載した手持ちカードを配布するなどして職員1人ひとりに周知することが重要となります。パワハラを予防するためのルール設定が十分かどうか、就業規則等に具体的なパワハラにあたる行為の記載があるか、相談窓口、罰則規定、再発防止策、などを規定しているか、見直してみましょう。

【手持ちカードの例】

JA○○　ハラスメント防止方針

●当JAでは、セクシュアルハラスメント、パワーハラスメント、マタニティハラスメントなど、個人の尊厳を損なう行為を許しません。

●JA○○の役職員は、ハラスメントなどの個人の尊厳を損なう行為を行ってはなりません。

●JA○○では、ハラスメントなどの解決のために相談窓口を設け、迅速で適切な解決を目指します。

相談窓口　人事総務部

TEL：0120－××××―××××

まとめ

- ●ハラスメント防止方針や相談窓口を記載したカードを配布し、組織で働く人すべてがパワハラの予防・解決を意識できるよう取り組む
- ●定期的な面談を実施することや朝礼で発言の時間を設けるなど適切なコミュニケーションが形成される環境を整える
- ●研修の実施やルール設定が十分かどうかを継続的に見直す

11 セクシュアルハラスメント

新卒採用された職員Ａさんは、同じ部門の先輩である職員Ｂさんから業務に関する指導を受けながら、仕事を覚えているところです。Ｂさんは、仕事熱心でＡさんに対しても優しく仕事を教えてくれます。ＡさんはＢさんから個人のＳＮＳのＩＤを教えてほしいと、頼まれました。Ｂさんには日頃から業務の指導などでお世話になっていることから、断り切れずに教えました。ある日、所属する部門の慰労会があった時、Ｂさん他数名と二次会へ行こうと強く誘われ、Ａさんは、断り切れずに二次会へ行きました。

二次会ではＢさんから「恋人はいるの？」など、恋愛に関する質問が数多くありました。その日以降、Ｂさんから服装やスタイルを褒められるようになり、何度も食事に誘われるようになりました。ＳＮＳのメッセージも毎日のように送られてきます。Ａさんは、恋愛関係になるつもりはなかったので２人で行くのは嫌だなと思いながらも、すべて断るのも悪いと考えて食事やＳＮＳのメッセージにも時々応じていました。しかし、日ごとに内容がエスカレートすることから、部門長にセクシュアルハラスメント（以下、セクハラ）であるとして相談することとしました。

事例から考えるポイント

- 職場でセクハラとなるケースについて考えてみましょう
- セクハラを防止するためにどのような方法があるか考えてみましょう
- セクハラの相談があった場合にどのような対応が必要か考えてみましょう

1 定義と考え方

男女雇用機会均等法11条では「事業主は、職場において行われる性的な言動に対するその雇用する労働者の対応により当該労働者がその労働条件につき不利益を受け、又は当該性的な言動により当該労働者の就業環境が害されることのないよう、当該労働者からの相談に応じ、適切に対応するために必要な体制の整備その他の雇用管理上必要な措置を講じなければならない。」と定めています。

また、厚生労働省の指針では、セクハラを「対価型」と「環境型」の２つのタイプに分類しています。「対価型セクハラ」とは、労働者の意に反する性的な言動に対する労働者の対応（拒否や抵抗）により、その労働者が解雇、降格、減給、労働契約の更新拒否、昇進・昇格の対象からの除外、客観的に見て不利益な配置転換などの不利益を受けることです。

「環境型セクハラ」とは、労働者の意に反する性的な言動により労働者の就業環境が不快なものとなったため、能力の発揮に重大な悪影響が生じるなどその労働者が就業するうえで看過できない程度の支障が生じることです。

男女雇用機会均等法は、当初女性労働者に適用を限定していましたが、2007年（平成19年）に改正男女雇用機会均等法が施行され、男性労働者にもセクハラ規定を適用することとし、男女双方への性による差別的取扱いを禁止しています。事例のケースでは、Ａさんは男性か女性か不明ですが、いずれの場合でもセクハラ規定の適用を受ける可能性があります。また、繰り返し食事に誘われたことや毎日送られてくるＳＮＳによるメッセージをＡさんが不快であると感じていた場合、「環境型セクハラ」に該当することが考えられます。なお、セクハラは派遣社員、パート職員、取引先の従業員に対しても成立するので注意が必要です。

2 セクハラ対策の重要性

セクハラは、相手の人権を無視して不快感を与える行為であり、人権問題の1つです。セクハラは被害を受けた当事者が最大の被害者ですが、セクハラが発生した場合、「職場環境の悪化」「モチベーションの低下」「人的損失の発生」「企業倫理感の喪失」「組織としてのイメージの悪化」のような損失のほか、時として被害者からの損害賠償請求により裁判となることがあります。使用者責任が問われて事業主にも責任が生じる場合もあります。このように組織に対しても大きな損失をもたらすことから、組織として対策を行うことが重要となります。

3 セクハラ予防と解決に向けた取組み

組織としてセクハラ対策を行うにあたっては、職場においてセクハラがあってはならないとする旨の方針を明確にし、就業規則等にセクハラを禁止する規定を定め、セクハラを行った場合には、懲戒内容を明示することが考えられます。その上で、研修・講習会等を実施し、管理者を含む職員にセクハラを含むハラスメントについて世間の状況も踏まえた正しい知識を周知・啓発することが必要です。また、通常の業務における相談事項は直属の上席者等への相談が基本となりますが、セクハラは加害者が上席者であるなど強い立場にある場合に起こりやすいものです。事例のケースでもBさんが先輩なのでAさんは断りづらいと感じていました。このため、組織として第三者的な相談窓口を設けて相談に応じて適切に対応するための体制整備が重要です。相談制度を設けて支店ごとに相談担当者を定め、継続的なハラスメントの発生についてモニタリング可能な環境を形成するほか、弁護士事務所などの外部機関に対応窓口を委託する方法も考えられます。

そして、これらの管理体制を支店単位で形成して、職員に広く周知することは、セクハラ行為の抑止にもつながります。

相談事例が発生した場合には、事実関係を迅速かつ正確に把握すること、事実確認ができた場合には、行為者および被害者に対する措置を適正に行うこと、再発防止に向けた措置を講ずるなどの迅速かつ適切な対応を行うことが重要です。

その際に、相談者・行為者等のプライバシーの保護のために配慮することや相談したことや事実関係の確認に協力したことを理由として不利益な取扱いを行ってはいけないことを定めて管理者を含む職員に周知・啓発する事が必要となります。実際に相談があった場合には、相談記録票などに証拠書類等とともに記録します。記録に際しては、聴取した内容を書面で示す、復唱するなどして、必ず相手に内容確認を行い、また資料の作成・保管にあたってはプライバシーの保護に注意が必要です。作成した記録をもとに事案の解決、再発防止への取組みを行います。

【セクシュアルハラスメントの相談件数】

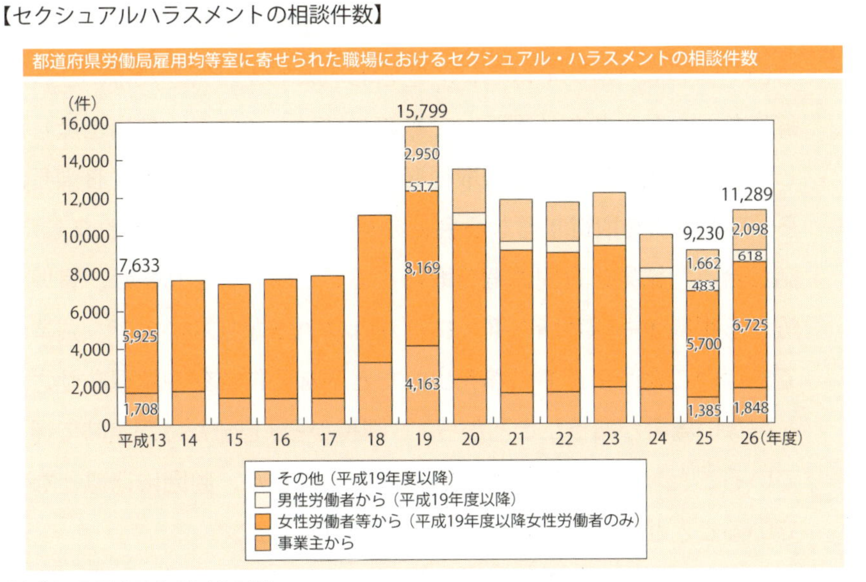

（出典）内閣府男女共同参画局
厚生労働省資料「都道府県労働局雇用均等室に寄せられた職場におけるセクシュアル・ハラスメントの相談件数」をもとに作成

まとめ

- ●各職員が正しい知識を身につけたセクハラ防止への取組みを実践する
- ●支店単位で相談窓口を設けて相談が日常的に可能なものにする
- ●相談事例が発生した場合に、プライバシー保護にも気を付けたうえで相談記録票と証拠書類の管理徹底を行う

12 マタニティハラスメント

職員Ａさんは、妊娠後も業務を行っていましたが、ある時からつわりが酷くなり気分が悪くなって休暇を申請したところ、Ａさんの所属する部門が忙しかったこともあり、上司のＢ課長は「つわりぐらいで休むなら辞めてほしい」と言われました。Ａさんは、ＪＡを辞めたくなかったため頑張って勤務を続け、その後、無事出産しました。出産後に育児休暇の取得を申請したところ今度は、Ｂ課長から「育児休暇を取得するなら会社を辞めてほしい」と言われました。話し合った結果、育児休暇を取得することはできましたが、育児休暇から復職後も保育所へ迎えに行かなければならないので、残業ができないことや子どもが熱を出したときなどに遅刻や早退をせざるを得ない場合があったことから、Ｂ課長から「自分だけが定時で帰っていること、時には遅刻や早退していることが、周囲に迷惑となっていることがわからないのか」と言われました。

Ａさんは、一連のＢ課長の言動がマタニティハラスメント（以下マタハラ）であるとしてＪＡの相談窓口へ相談することにしました。

事例から考えるポイント

- 職場でマタハラとなるケースについて考えてみましょう
- マタハラを防止するためにどのようなことが重要か考えてみましょう
- マタハラと他のハラスメントとの共通点と違いについて考えてみましょう

1 定義と考え方

マタハラとは、妊娠、出産、子育てなどをきっかけとして業務に支障をきたすという理由等で、精神的・肉体的な嫌がらせを行う行為です。厚生労働省はそのなかでも大きく「制度等の利用への嫌がらせ型」と「状態への嫌がらせ型」の2種類に分類しています。

【マタハラの類型と対象】

<table>
<tr><th rowspan="7">妊娠・出産等に関するハラスメント</th><th colspan="2">類型</th><th>ハラスメントの対象となる者</th></tr>
<tr><td rowspan="3">（1）
制度等の利用への嫌がらせ型
（※1）</td><td>①解雇その他不利益な取扱いを示唆するもの</td><td rowspan="2">・妊娠・出産に関する制度を利用する（利用しようとする）女性労働者
・育児・介護に関する制度を利用する（利用しようとする）男女労働者</td></tr>
<tr><td>②制度等の利用の請求等又は制度等の利用を阻害するもの</td></tr>
<tr><td>③制度等を利用したことにより嫌がらせ等をするもの</td><td>・妊娠・出産に関する制度を利用した女性労働者
・育児・介護に関する制度を利用した男女労働者</td></tr>
<tr><td rowspan="2">（2）
状態への嫌がらせ型
（※2）</td><td>①解雇その他不利益な取扱いを示唆するもの</td><td>・妊娠等した女性労働者</td></tr>
<tr><td>②妊娠等したことにより嫌がらせ等をするもの</td><td>・妊娠等した女性労働者</td></tr>
</table>

（※1）対象となる制度又は措置
【男女雇用機会均等法が対象とする制度又は措置】
①産前休業、②妊娠中及び出産後の健康管理に関する措置（母性健康管理措置）、③軽易な業務への転換、④変形労働時間制での法定労働時間を超える労働時間の制限、時間外労働及び休日労働の制限並びに深夜業の制限、⑤育児時間、⑥坑内業務の就業制限及び危険有害業務の就業制限
【育児・介護休業法が対象とする制度又は措置】

①育児休業、②介護休業、③子の看護休業、④介護休暇、⑤所定外労働の制限、⑥時間外労働の制限、⑦深夜業の制限、⑧育児のための所定労働時間の短縮措置、⑨始業時刻変更等の措置、⑩介護のための所定労働時間の短縮等の措置

（※２）対象となる事由
①妊娠したこと、②出産したこと、③産後の就業制限の規定により就業できず、又は産後休業をしたこと、④妊娠又は出産に起因する症状（＊）により労務の提供ができないこと若しくはできなかったこと又は労働能率が低下したこと、⑤坑内業務の就業制限若しくは危険有害業務の就業制限の規定により業務に就くことができないこと又はこれらの業務に従事しなかったこと
＊「妊娠又は出産に起因する症状」とは、つわり、妊娠悪阻（にんしんおそ）、切迫流産、出産後の回復不全等、妊娠又は出産したことに起因して妊産婦に生じる症状をいいます。

男女雇用機会均等法９条３項で「事業主は、その雇用する女性労働者が妊娠したこと、出産したこと、労働基準法（昭和二十二年法律第四十九号）第六十五条第一項の規定による休業を請求し、又は同項若しくは同条第二項の規定による休業をしたことその他の妊娠又は出産に関する事由であって厚生労働省令で定めるものを理由として、当該女性労働者に対して解雇その他不利益な取扱いをしてはならない。」と定めています。育児休業、介護休業等育児または家族介護を行う労働者の福祉に関する法律においてもマタハラは法律に違反する行為としています。

事例では、Ｂ課長は妊娠時、育児休暇の取得、復職後においても業務に支障をきたすことを理由として、Ａさんに辞めてほしいと言っており、これらＢ課長の言動は「制度の利用」と「状態」そのものについても要因とした嫌がらせ行為となっており、マタハラに該当すると考えられます。

２ マタハラ対策の重要性

2017年の男女雇用機会均等法の改正では11条の２で、事業主にマタハラ防止措置を講じることを義務付けています。法律上の義務というだけではなく他のハラスメント問題と同様に、マタハラが発生した場合には「職場環境の悪化」「モチベーションの低下」「人的損失の発生」「企業倫理感の喪失」「組織としてのイメージの悪化」「被害者からの損害賠償請求」等の点で組織に対して大きな損失をもたらすことから、組織としてマタハラ対策を行うことが重要です。

3 マタハラ防止のための取組み

組織としてマタハラを発生させてはならないとする方針を明確にし、就業規則その他の規定等に定める、職場におけるハラスメントの内容およびハラスメントの発生の原因や背景ならびに事業主の方針を労働者に対して周知・啓発するための研修、講習等を実施する、これらの事業主の方針や規定と併せて妊娠・出産・育児休業等に関する制度等が利用できる旨を周知・啓発する、マタハラに係る言動を行った者に対する懲戒規定を定め、その内容を労働者に周知・啓発する、相談窓口を設けて、相談が生じた場合、適切に迅速に対応する、といったハラスメントの相談者に配慮したスムーズな対応が重要になります。支店単位での取組みのなかでも制度利用の対象者の労働時間についてあらかじめ考慮をした作業分担表や、全体スケジュールを作成することによって、店舗全体のレベルで業務バランスを保ちつつ極力ほかの職員の負荷に偏らないような工夫が必要になると考えられます。

さらに、マタハラはセクハラやパワハラ等の他のハラスメントと複合的に発生することも多いです。このため、マタハラ対策とセクハラ対策は合わせて対策を実施し、ハラスメントに関する相談については一元的に応じる体制を整備することが望ましいです。一方でマタハラは、セクハラとは異なり妊娠・出産・育児休業等に関する制度等を利用する際に、周囲の職員の制度やその背景の理解が乏しい場合に発生する可能性が高まります。マタハラ防止にあたっては、妊娠・出産・育児休業等に関する制度等への理解をアンケート等で把握し、制度を利用する予定がない職員に対しても制度の内容とその背景を周知することや各職場において周囲と円滑なコミュニケーションを図りながら妊娠した職員自身の体調等に応じて適切に業務を遂行していくという意識をもつことが、マタハラの発生を防止するために重要となります。

まとめ

●他のハラスメントと異なる、マタハラ特有の発生要因が何かを理解する
●マタハラは他のハラスメントと複合的に発生することがあることから一元的に応じる態勢を整備する
●特に重要な対策は全社的な体制づくりであるが、支店単位などでも制度利用に関する理解や業務役割の配分などの取組みを実行する

第2章 信用事業

13 定期積金の着服

職員Aさんは組合員Bさんの貯金集金担当を10年以上の長期にわたって担当していました。Aさんは、「終日集金に回っており帰店できない」旨の電話を上司に入れて、帰店しないことが時々ありました。同じ理由で2日続けて帰店せず、翌々日ようやく入金処理を行うこともありましたが、組合員からは「Aさんは非常に親身に話をしてくれる」と評判がよく、また地域の組合員のことをよく知っていることもあり、支店長は長年集金業務を担当させるリスクを感じながらも、担当を変えることはありませんでした。

ある日、Bさんから、「覚えのない出金がある」との申し出を受けました。Bさんも通常はあまり貯金通帳の残高を確認していなかったのですが、まとまった金額を出金する必要が生じ、残高が足りるかどうかを念のため事前に確認したところ、不明な出金があり、支店に来店したものでした。この件につき支店長がAさんに問いただしたところ、家計が苦しく、Bさんだけでなく、自身が担当する他の貯金集金先も含めて貯金や定期積金の流用を繰り返し、横領していたことを自白しました。これを受けてAさんの集金鞄を確認したところ、預り証の発行されていない証書や通帳、さらには印鑑がたくさん出てきました。

事例から考えるポイント

●Point 2に記載された「不正のトライアングル」を参考に、この事例で発生した「不正の機会」について考えてみましょう
●不正を防止・発見するために有効な内部統制について考えてみましょう

1 定義と考え方

着服とは他人から預かった金銭等を自分のものとすることです。ＪＡの組合員から預かった金銭等を着服した場合には、業務上横領罪に問われる可能性があります。

今回の事例では、Ａさんは一時的に金銭を着服したものの後日自分の資金から入金していますので、組合員に実際に損害が生じていなかった可能性もあります。しかし、着服または横領という不祥事が生じること自体がＪＡに大きなマイナスイメージを与えることになってしまいます。

Point 2で述べたように、組織的には不正のトライアングルのうち「機会」の抑制に取り組むことが必要です。「不正の機会」は、集金した日に帰店しなくても忙しいことを理由にすれば上席者が黙認してくれ、組合員からも信頼されていることから、通帳や印鑑を預かることもしばしばあり、集金鞄の中も定期的にチェックされず、通帳や印鑑があれば不正に解約処理などを実行しても直ちには発覚しないと不正実行者に思わせる状況にあったことが考えられます。

まず、現金不正を防ぐ根本的な解決案として、職員が現金を所持すること自体が一番のリスクであるため、組合員や利用者にはできるだけ支店に来店して入出金を行っていただくことや振替（引き落とし）処理にしていただくように依頼し、渉外担当者が現金に触れる機会を減少させる方法も考えられます。ただ、ＪＡにとって組合員と密なコミュニケーションを取ってその要望に応え、利便を図ることは重要な活動であるため、現金の集金業務を完全に廃止することは、困難と考えられます。このため、現金の集金業務を継続するとしたうえでの不正を防止・発見するために有効な内部統制を考えることが必要となります。

2 不正の発生防止に向けた内部統制の構築

渉外担当であるAさんが、組合員から預かった現金および証書等をそのまま持って帰って帰宅する行為、また、それを認めてしまった上司の行為は、横領を引き起こすリスクがきわめて高い取扱いです。

また、Aさんは預り証を発行せずに多数の証書を預かっていました。預り証を発行しないで組合員の証書等を預かることが日常的にある場合、例えば証書が紛失した場合に、預り証が発行されていないことをもって渉外担当者に責任がないことを明確に主張することができなくなるだけでなく、預かった証書等を用いた不正の可能性が高くなるといえます。

【事例における検証とコミュニケーション】

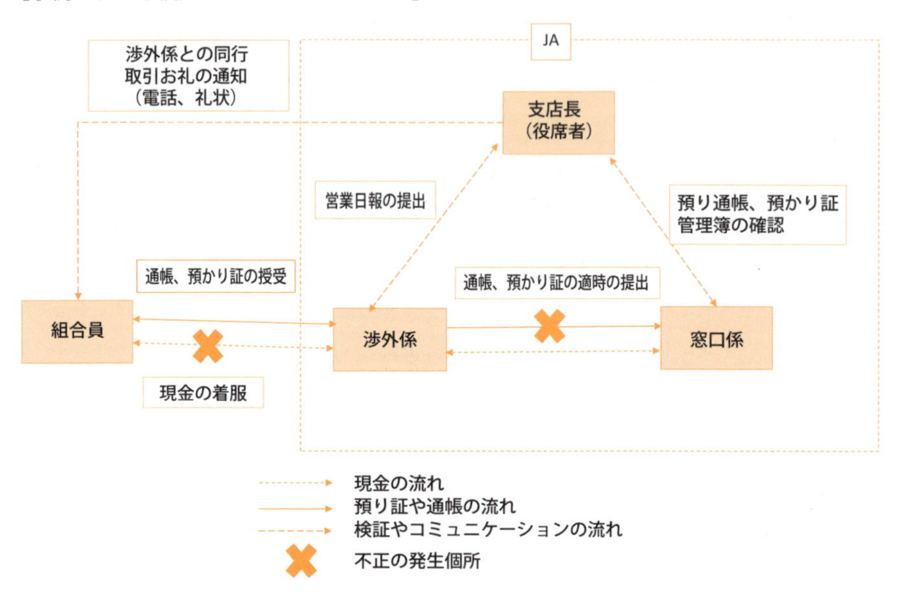

こうした不正を防ぐためには、渉外担当者が組合員から現金等の重要物を預かった際に直接自宅等へ帰ることを禁止し、必ず帰店すると定めて「午前中に集金した現金は昼に帰店して入金する、午後に集金した現金も帰店して入金手続きを行ってから帰宅する」といったルールを設定し、その運用を徹底することが必要です。

また、役席者が渉外担当者のスケジュールを営業日報によって管理し、適時にその日報の内容について渉外担当者とコミュニケーションを行う、預かり証の発行状況を役席者等が定期的に確認する、預かり通帳の保管場所を特定し、役席者等がいつでも預かり通帳とその中身を確認できるようにする、預り証の受領書(返却の有無)を定期的に確認する、といった取り扱いを徹底することが重要です。加えて、Aさんが、長期間同一の地域を担当していたことで不正の機会が拡大したと考えられることから、同一業務を長期間担当することがないように適切な期間で人事ローテーション（信用は３～５年）を実施することが考えられます。また、その人事ローテーションを組合業務に大きな影響を及ぼすことなく実施するために、支店長が渉外担当者に同行することでその地域に対する知識を積極的に習得することも考えられます。

この他、自主検査（自店検査）を適切に実施することや内部監査で事務処理の状況だけでなく職員の行動まで監査を行うこと、あわせて不正行為等の発生やそのおそれがあることを知った職員などがこれに対応する窓口に直接通報することのできる内部通報制度を周知することにより、不正は必ず発覚するとの意識を職員にもってもらうことも不正の機会を減少させる効果があります。

また、Aさんは仕事熱心な職員で組合員からの評判もよかったことから、支店長や役席者もAさんを信頼し、不正をするはずがないと思っていたようですが、特に現金が関係する分野に関して不正は起こり得ることを前提に、不正の兆候を感じた時は、上司への相談や内部通報制度の利用などにより、兆候を放置しないことで不正を防止する風土を醸成することも効果があります。また、これらの不正に関する知識や情報などを周知・共有するため、不正防止に関して定期的に研修などを実施することも重要な取組みです。

これらの施策により職員１人ひとりが、内部統制を意識して業務を実施することは、自分自身以外の職員の言動や業務へも注意を払う結果となり、不正の防止や早期の発見につながります。

不正は特別な人がするのではなく、普通の人でも条件が満たされれば、不正を行う可能性があると考えて対応することが重要です。不正が起きると本人だけでなく、まわりも不幸になりますし、不正の調査には時間と手間がかかります。さらには所属先の信用問題に発展することもあります。不正を起こしにくい環境づくりや、倫理教育を行うことで不正を抑止することが効果的です。

まとめ

- 不正は起きないという先入観をもたない（信頼できる人でも時と場合によっては不正をはたらくことがある）
- 内部統制を適切に構築して運用することにより、特に機会を防ぐ観点から「不正のトライアングル」が成立しない態勢を構築する
- 不正を防止するためには、役席者、特に支店長が積極的に内部統制の運用に関与する

14 不正融資（浮貸し）

貸出担当の職員Ａさんは、設備資金の融資先である組合員Ｂさんから、運転資金の追加融資を依頼されました。Ａさんは、前回の融資時にＢさんの業績が好調であったことから、融資実行可能であると考え、安易に「融資できますよ、任せてください」と返答しました。しかし、本部の審査では、不況の影響でＢさんの業績は低迷しているうえ、既存の融資で担保余力がないことから、追加融資は実行不可能であると判断されました。

Ａさんは Ｂさんに追加融資が実行不可能である旨を伝え謝罪しましたが、Ｂさんには、「融資してくれると言ったじゃないか、やっと大きな取引が入ってきたんだ。追加の資金がなければ生産できない。この取引がなくなったら、うちは潰れてしまう。どうしてくれるんだ。」と、受け入れてもらえませんでした。

Ａさんは、上席者に相談することも考えましたが、安易に融資実行可能であると返答したことを咎められることをおそれて、相談することができませんでした。

結局、Ａさんは Ｂさんの依頼を断り切れずに、Ａさん自身の定期貯金を解約して、融資資金としてＢさんへ貸し付けました。

事例から考えるポイント

●組合員から融資の依頼があった際に融資を実行可能かどうかについて安易に返答することにより、コンプライアンス上の問題となる場合について考えてみましょう

●職員個人の資金を組合員に対して貸し付けることに関するコンプライアンス上の問題を考えてみましょう

1 定義と考え方

本事例では、職員Ａさんは組合員Ｂさんからの融資の依頼に対して、安易に融資実行が可能であると返答してしまったため、最終的には、自己資金を貸し付けることになってしまいました。

このような融資は「浮貸し」とよばれ、「出資の受入れ、預り金及び金利等の取締りに関する法律」（略称「出資法」）で禁止されています。

浮貸しとは、①金融機関の役職員その他従業員が、②その地位を利用し、③自己または当該金融機関以外の第三者の利益を図るため、④金銭の貸付、金銭貸借の媒介または債務の保証をする行為をいいます（同法３条）。

本事例では、ＪＡの資金を流用したわけではなく、職員自身の定期貯金を解約して組合員へ貸し付けていることから、着服等があるわけでなく、一見問題ないようにもみえます。しかし、①金融機関の職員が、②その地位を利用して、③自己または第三者の利益を図るため、④金銭の貸付を行っているので、たとえ職員の資金であったとしても、浮貸しに該当します。

そのため、Ａさんは、３年以下の懲役もしくは300万円以下の罰金に処せられ、または、これを併科されることになります（同法８条）。

浮貸しが禁止される理由は、金融機関の役職員がその地位を利用して、いわゆるサイドビジネスを行うこと自体が当該金融機関の信用を失墜させ、また、その取引の相手方に不慮の損害を被らせるおそれもあることから、これを取り締まるためとされています。

2 浮貸しを防止するための取組み

浮貸しを防止するためには、浮貸しを予防し、仮に浮貸しが行われてしまった場合でも早期に発見し是正できるような取組みが必要になります。

（1）浮貸しを予防するための取組み

①研修等の実施

本事例のように、個人の判断で、安易に、融資実行の可否について組合員に伝えてしまうと、組合員との信頼関係を損なうおそれがあります。また、浮貸しの原因にもなります。

そのため、組織としての意思決定である融資審査が決裁されるまでは、個人の判断で、融資実行の可否を組合員へ伝えてはいけないことを、研修等で周知しましょう。

②人事ローテーションの実施

特定の職員が長期間にわたり同一業務に従事していると、他の職員からの牽制が効きにくくなり、浮貸しを行いやすくなります。

そのため、定期的に人事ローテーションを実施することで、職員間の牽制が効果的に機能するようにしましょう。

③上席者による組合員訪問

本事例のように、担当者が組合員からの融資依頼を１人で抱え込むことで、結果として浮貸しを行ってしまうことも考えられます。

そこで、担当者だけでなく上席者も、定期的に組合員を訪問して、組合員の資金需要等を把握することで、担当者が融資案件を１人で抱え込まずに済むような取組みを実施しましょう。

（2）浮貸しを発見・是正する取組み

①残高確認書・返済予定表等の送付

仮に、浮貸しが行われたとすると、ＪＡが把握している貸出金残高と組合員が把握している借入金残高が相違することになります。

そのため、定期的に、残高確認書や返済予定表等を組合員に送付することで、ＪＡが把握している貸出金残高と、組合員が把握している借入金残高に相違がないか確認するようにしましょう。

②上席者による組合員訪問

前記（1）③で記載している上席者による組合員訪問には、担当者が融資案件を1人で抱え込まないようにする効果だけでなく、上席者が組合員に借入金残高を確認することで、浮貸しを発見できるという効果もあります。

そのため、浮貸しの予防だけでなく発見するためにも、上席者が定期的に組合員を訪問するようにしましょう。

③組合員等からの苦情に対応する態勢づくり

浮貸し等の不祥事は、組合員等の苦情から発覚することもあります。

そのため、本支店等の組合員への対応部門、ＪＡバンク相談部門、コンプライアンス統括部門等の関連部門が連携して、組合員等からの苦情を真摯に受け止め、迅速に解決できる態勢を整えましょう。

まとめ

- 金融機関の信用を失墜させ、取引の相手方に不慮の損害を被らせるおそれがあるため、浮貸しは禁止されています
- 研修による浮貸しが禁止されていることの周知や人事ローテーションによる牽制などにより、浮貸しを予防します
- 上席者が組合員を訪問するなどして、組合員等からの苦情に迅速に対応し、浮貸しを早期に発見・是正できるようにします

15 抱き合わせ販売

ライフアドバイザー（ＬＡ）の職員Ａさんは、主に共済の推進を担当しています。近年の経済不況の影響を受けてＡさんは、目標達成が難しいと感じていました。上司からは、事業推進の状況と目標達成の見通しについて、日々報告を求められていました。

一方、組合員Ｂさんは、小規模な印刷工場を経営しており、主な取引金融機関はＪＡです。ある日、Ａさんは共済の推進のためにＢさんの印刷工場を訪問しました。そこで、Ｂさんから、「ここのところ、赤字続きで運転資金がもうちょっとで底をつきそうなんだ。だから、融資をお願いできないかな。他の金融機関には融資を断られたし、おたくだけが頼りなんだよ。」と言われました。

Ａさんは、共済の目標達成が難しいと感じていたことを思い出し「以前からお勧めしていた生命共済に入ってくれたら、融資係に話してみますよ。」と答えました。

Ｂさんは、すでにこれまでにもいくつか、共済に加入しており、新たな生命共済は必要としていませんでしたが、融資してくれるのはＪＡしかないため、仕方がないと考えて、生命共済に入ることにしました。

事例から考えるポイント

- 融資を条件に組合員に対して共済等の金融商品の購入を強要することがコンプライアンス上の問題となる可能性について考えてみましょう
- 抱き合わせ販売とは何か考えてみましょう
- 不公正な取引が生じないために必要な取組みについて考えてみましょう

1 定義と考え方

本事例では、組合員Ｂさんは、生命共済に入る必要性はありませんでしたが、他の金融機関から融資は受けられない状況だったため、職員Ａの条件を受け入れざるを得ませんでした。

このように相手方に対し、不当に、商品または役務の供給に併せて他の商品または役務を自己または自己の指定する事業者から購入させ、その他自己または自己の指定する事業者と取引するように強制する取引は「抱き合わせ販売」として、さらに自己の取引上の地位が相手方に優越している一方の当事者が、取引の相手方に対し、①その地位を利用して、②正常な商慣習に照らして不当に不利益を与えることは「優越的地位の濫用」として、いずれも独占禁止法で「不公正な取引方法」とされており、禁止されています。

今回の事例ではＪＡが取引金融機関の立場として、組合員に生命共済加入を迫っており、独占禁止法に定める「不公正な取引方法」該当する可能性が高いと考えられます。

ここで、通常、金融機関が債権者に対して融資を新たに実行する場合や金融機関が債権者に対する多額の融資残高を有している場合には、金融機関が優越的な地位にあると判断されるケースもあることから注意が必要です。そのようなケースで「抱き合わせ販売」等の取引を行った場合、独占禁止法で禁止された「不公正な取引方法」となることがあります。

加えて、今回の事例では、ＪＡが主な取引金融機関であることから優越的地位があると判断される可能性があります。そのうえで共済への加入を要請していることから、当該要請が強要であるとすれば独占禁止法が禁止する「不公正な取引方法」に該当し、公正取引委員会による排除措置命令・課徴金等の対象になるおそれがあります。

【優越的地位の判断】

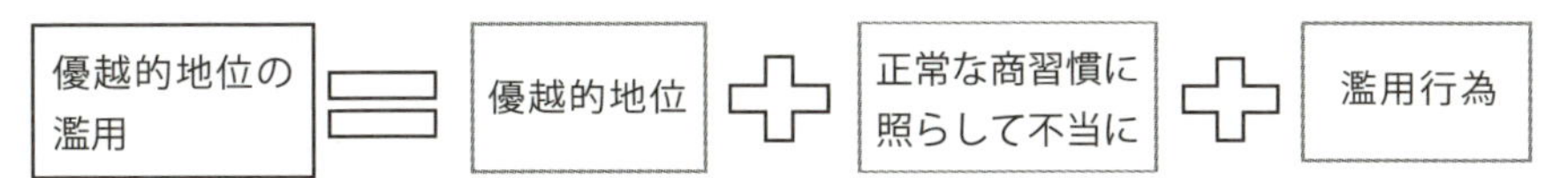

公正取引委員会「優越的地位の濫用〜知っておきたい取引ルール〜」
(http://www.aaal.jp/assets/files/yuuetsu.pdf) を加工して作成

2 不公正な取引を防止するための取組み

不公正な取引を防止するためには、不公正な取引を予防し、仮に不公正な取引が行われてしまった場合でも、早期に発見し是正できるような取組みが必要になります。

(1) 不公正な取引を予防するための取組み

①研修等の実施

本事例のような取引においては、抱き合わせ販売および優越的地位の濫用にあたり、不公正な取引に該当し、当該事実が報道等されれば、組合の信用を失うことになりかねません。そのため、不公正な取引は独占禁止法によって禁止されており、違反はＪＡの信用を失墜させることを、研修等で周知しましょう。

②優越的地位に該当するおそれのある顧客のデータベース化

多額の貸出金を貸し付けている顧客について、融資条件等の状況によっては、組合による過度な介入により、顧客の自由かつ自主的な判断が阻害され、当該顧客に対して優越的地位に立つおそれがあります。

そのため、優越的地位に該当するおそれのある顧客をデータベース化し、融資等の契約時に、不公正な取引に該当しないかチェックするようにしましょう。

また、このデータベースを融資部内以外でも活用し、組織全体として不公正な取引が発生しないようにすることも重要です。

（2）不公正な取引を発見・是正する取組み

①上席者によるチェックリストおよび報告書の確認

職員が共済等の金融商品を販売する場合には、優越的地位にある顧客に販売していないかどうかを確認したチェックシートおよび金融商品を販売した顧客情報内容を記載した報告書等を作成し、上席者が当該内容をチェックするようにしましょう。

②事業推進状況検証部門の設置

事前のチェックだけでなく事後のチェックとして、事業推進状況検証部門を設置し、例えば、融資だけでなく共済等も含めた総合的にみて推進成績がよい職員や、推進成績が前月や前年同期比で急激に伸びた職員について、不公正な取引に該当しないかについてチェックするようにしましょう。

③組合員等からの苦情に対応する態勢づくり

抱き合わせ販売については、組合員等からの苦情から発覚することもあります。

そのため、本支店等の組合員への対応部門、ＪＡバンク相談部門、コンプライアンス統括部門等の関連部門が連携して、組合員等からの苦情を真摯に受け止め、迅速に解決できる態勢を整えましょう。

まとめ

- 研修を定期的に実施し、不公正な取引が禁止されていることを周知する
- 融資と共済に関する取引情報を共有し、不公正な取引にあたるかどうか事前・事後のチェックを行う
- 不公正な取引を早期に発見・是正するため、上席者によるチェックリストおよび報告書等の確認をする

16 適合性の原則

共済事業では、新たに将来の受取共済金の額が変動する予定利率変動型年金共済の取扱いをはじめました。共済担当のＡさんは、懇意な付き合いを継続している、資産運用経験のない高齢の組合員Ｂさんに対し、共済の勧誘を行いました。Ｂさんは、Ａさんの「良い共済の取扱いをはじめました。投資に比べて共済はリスクがわずかです！」という言葉を信用して、共済契約に関して十分な説明を受けていないにもかかわらず、その場で共済契約を締結してしまいました。

後日、Ｂさんが共済を解約しようとＡさんに相談したところ、「今解約すると共済加入時に支払ったお金の半分しか受け取ることができません。」とＡさんから言われ、Ｂさんはひどく困ってしまいました。Ｂさんが共済契約の内容をＡさんから詳しく説明を受けると、共済契約を満期まで保有せずに早期解約をした場合には、損失が生じる可能性があることもわかりました。Ｂさんは「リスクがわずか」との言葉を信じて共済を契約したにもかかわらず、損失が発生してしまっていることを弁護士に相談しようと考えています。

事例から考えるポイント

- 資産運用経験の乏しい組合員に対して複雑な金融保険商品を勧めることによる、コンプライアンス上の問題について考えてみましょう
- 適合性の原則違反を防止・発見するための対策を考えてみましょう
- 複雑な金融商品の取扱を行う必要性を考えてみましょう

1 定義と考え方

金融商品取引法40条では、「金融商品取引業者等は、業務の運営の状況が次の各号のいずれかに該当することのないように、その業務を行わなければならない。」とし、同条第1号において「金融商品取引行為について、顧客の知識、経験、財産の状況及び金融商品取引契約を締結する目的に照らして不適当と認められる勧誘を行って投資者の保護に欠けることとなっており、又は欠けることとなるおそれがあること。」と定めています。これは適合性の原則とよばれています。適合性の原則は複雑な金融商品の仕組みを理解することができない消費者が、金融商品を販売する者の巧みな説明に対しよくわからないまま契約し、その結果大きな損害を被ることを防ぐために定められたものです。

販売担当者は、適合性の原則の4要素（「知識」、「経験」、「財産の状況」、「契約を締結する目的（投資目的）」）を把握し、販売する金融商品について元本割れのリスクがあるかについて見極め 、それに応じた説明義務を果たす必要があります。もし、この説明義務を果たさない場合は行政処分や損害賠償請求を受ける可能性があるため、知識や経験が乏しい組合員に、十分な説明なく複雑な金融商品を販売することはコンプライアンス上の重大な問題となります。

今回のケースでは 、共済契約が金融商品であるにもかかわらず、過去に資産運用経験（「経験」）がなく、リスクの少ない商品を望んでいた（「契約を締結する目的」）組合員に対して十分な説明もなく、複雑な金融商品を販売しているため、適合性原則違反として法的な責任を問われる可能性があります。

【適合性の原則の４要素】

- 顧客の金融商品に対する知識が十分か
- 顧客が今まで金融商品を取り扱ったことに関する経験が十分か
- 顧客の保有する財産の状況に照らして、金融商品販売取引を実施することが適切か
- 顧客の金融商品取引契約を締結する目的を理解し、当該目的に合致した金融商品販売取引が実施できているか

2 適合性の原則違反を予防・発見するための対策

適合性の原則には「狭義の適合性の原則」と「広義の適合性の原則」の２つの種類があります。金融商品を取り扱う場合は、組合員が２つの適合性の原則から、提案できる金融商品を決定し、当該顧客に理解されるために必要な方法および程度による十分な説明を行う必要があります。

・狭義の適合性の原則……ある特定の顧客に対しては、いかに説明を尽くしても一定の商品の勧誘・販売を行ってはならないという原則。例えば、「財産の状況」を確認した結果、投資資金が余裕資金でないと判断できる場合は、狭義の適合性を充たしていないと考えられる。
・広義の適合性の原則……利用者の知識・経験・財産力・投資目的等に適合した形で販売・勧誘を行わなければならないという原則

組合員に金融商品を勧誘するにあたっては、販売担当者が金融商品の内容を十分に説明できる能力を有していなければなりません。そのため、まずは販売担当者が金融商品を深く理解できているかどうかを定期的に確かめ、理解不足の販売担当者には、研修等で知識を習得するような取組みが必要になります。また、適

合性の原則を守るためには、組合員の意向と実情に適合した説明が行われるように、金融商品勧誘前に「知識」、「経験」、「財産の状況」、「契約を締結する目的（投資目的）」を理解することが必要であることを研修等で周知することが大切です。そして、金融商品に該当する共済契約を締結する際には、組合員の意思に沿った契約内容となっているか等を確認するためには、当該内容を網羅的に確認できる意向確認書を作成し、組合員の意向と実情に適合した説明が行われていることを書面で確認できるようにすることも有効な手段になります。

前記の意向確認書を用いることにより、販売担当者以外の部門が意向確認書の内容を確かめることにより、販売担当者が適合性の原則を遵守して勧誘活動を実施しているかを確かめることが可能となります。

なお、複雑な金融商品を取り扱うことは、販売担当者および販売担当者以外の知識を深めること、適切なモニタリングを行うことが必要になるため、研修や事務の負担が増す可能性があります。そのため、複雑な金融商品を取り扱うことから得られる収益、そのために発生する費用、さらにはそれらの金融商品が組合員・利用者が求めているニーズに合ったものであるかどうか、本当にこの金融商品を取り扱う必要があるかどうかについて定期的に検討・見直しを行うことも、組合員・利用者の立場に立った勧誘方針とするために重要となります。

まとめ

- 金融商品勧誘前に「知識」、「経験」、「財産の状況」、「契約を締結する目的（投資目的）」を理解することが必要であることを研修等で周知する
- 意向確認書チェックシートを利用して組合員の意向と実情に適合した十分な説明を実施していることを書面で確認できる態勢とする
- 取り扱う複雑な金融商品が組合員・利用者の求めにあったものであるか定期的に検討・見直しを行う

17 断定的判断の提供禁止

信用事業担当の職員Ａさんは投資信託の販売を行っていますが、ここ最近は契約が獲得できておらず、目標未達が続いていました。Ａさんの上席者からも、「いつになったら契約がとれるんだ」「Ａさん以外の職員は皆、契約獲得できているぞ」等と度々叱責を受けており、それが過大なプレッシャーとなりＡさんは焦りを感じていました。

そこでＡさんは、投資に不慣れな組合員Ｂさんに対して、投資信託の勧誘を行いました。Ｂさんが「こういったことには慣れていないから、とても不安だ。安心して投資できる金融商品はないのか。」と尋ねたところ、Ａさんは「ここ最近の景気動向からすると、ちょうど今買うとよい商品があります。ここ数年のうちに確実に大幅な利益が出ます。安心してください。間違いない商品なので、任せてください。」と返答しました。Ｂさんも「Ａさんがそこまで言うなら確実に違いない。購入してみよう。ありがとうＡさん。」と購入することを決断しました。

事例から考えるポイント

●組合員に対して、断定的判断の提供を行って、投資信託等を販売した場合、どのような点でコンプライアンス上の問題点となるかについて考えてみましょう

1 定義と考え方

本事例では、職員Ａさんは投資が不慣れな組合員Ｂさんに対して、確実でない利益が確実であると誤解させるような決めつけ方で、投資信託の販売を行っています。このような行為は「断定的判断の提供」とよばれ、金融商品取引法38条において、「顧客に対し、不確実な事項について断定的判断を提供し、又は確実であると誤解させるおそれのあることを告げて金融商品取引契約の締結の勧誘をする行為」と定められています。

断定的判断の提供は、組合員の本来の投資判断を歪める行為として金融商品取引法で禁じられています。断定的判断の提供による勧誘の結果、顧客に損失が発生した場合は、金融商品取引業者には損害賠償責任が生じます。仮にその断定的判断が的中し顧客の利益となった場合でも違法行為であることは免れません。なお、「確実に」「間違いなく」といったような表現を用いなくても、確実でない利益が確実であると誤解させるような決めつけ方であれば、断定的判断の提供に該当します。

投資した結果、利益が出るか損失を被るかは確実に読めるものではありません。しかしながら、金融商品取引のなかには、相当程度の専門知識が要求されるものがあり、顧客は必ずしも専門知識や経験等が十分ではないため、確実でない利益を確実であると顧客が誤解する可能性があります。そのため、断定的判断を提供して投資勧誘を行うことは金融商品取引法によって明確に禁止されています。

② 断定的判断の提供を予防・発見するための取組み

断定的判断の提供に該当するかは、投資信託等の金融商品を勧誘するにあたって用いた「確実に」「間違いなく」といったような表現ではなく、確実でないものが確実であると顧客が誤解したかどうかにより判断されます。そのため、「かもしれない」といった表現を用いたとしても、勧誘の経緯等に照らし、断定的判断を提供したと認定される可能性は否定できず、断定的判断を提供しないようにするためには、十分に注意する必要があります。具体的には、以下のような対策を講じることが、予防・発見につながると考えられます。

（1）断定的判断の提供を予防するための取組み

①組合員に投資信託等の金融商品を勧誘するにあたって、職員がどのような点に注意すればよいかを周知する。

職員への周知の方法例として、研修の実施、職員への通知文書、貼り紙等があります。

②投資信託等の金融商品を勧誘するにあたって、断定的判断の提供を行っていないかどうかの確認の実行性を高めるため、チェックシートを作成し、適切に投資信託の勧誘が行われたことを担当者がその場で確かめることができるようにする。

（金融商品の勧誘に関する方針 の記載例）

当組合は、金融商品の販売等にかかる勧誘を行うに際しては、次の事項を遵守し、お客様に対して適正な金融商品の勧誘を行います。
イ、お客様の知識、経験、財産の状況および取引の目的を考慮のうえ、適切な金融商品の勧誘と情報の提供を行うとともに、商品内容やリスク内容などの重要な事項を十分にご理解いただき、お客様ご自身の判断でお取引いただけるよう、適切な説明に努めます。
ロ、お客様に対して断定的判断を提供したり、事実と異なる情報を提供したりするなど、お客様の誤解を招くような説明・勧誘は行いません。
ハ、電話や訪問による勧誘は、お客様のご都合に合わせて行うように努め、お客様にとって不都合な時間帯や迷惑な場所等での勧誘は行いません。
ニ、役職員は、お客様に対して適切な勧誘が行えるよう関係法令を遵守するとともに、金融商品知識の十分な習得を図ります。

（2）断定的判断の提供を発見するための取組み

①組合員に投資信託等の金融商品を勧誘するにあたって、職員が断定的判断の提供を行っていないかどうかを確認したチェックシートを担当者以外がチェックする仕組みとする。

②担当者以外の上席者や管理部門が投資信託等の契約後、組合員に対して断定的判断の提供を行っていないことを書面・電話等により確認を行う。

投資信託販売チェックリスト

担当者印	検印

顧客番号	
顧客氏名	
商品名	

項目	チェック事項	チェック欄
商品内容説明	元本割れリスクがあることを説明したか	✔
	元本・分配金保証対象外であることを説明したか	✔
	預金保険対象外であることを説明したか	✔
	変動が見込まれる価格や相場について断定的な情報を伝えていないか	✔
	損失の補填や特別な利益の提供を約束していないか	✔
意識確認	運用の成果（収益や損失）は全て顧客に帰属することを説明したか	✔
	顧客の意思で購入を判断しているか	✔

備考

確認日　　年　　月　　日

まとめ

- 研修や通知文書を通じて断定的判断の提供とならないようにするための正しい勧誘方法の理解を促進する
- 適切に投資信託の勧誘が行われたことを確認するためのチェックシートを作成し、担当者が販売の都度確認し、別の職員が事後的に当該シートを再確認する
- 断定的判断の提供を行っていないことについて、事後的に組合員へ書面・電話等による確認を行う

第3章
共済事業

18 勧誘方針違反

職員Ａさんは、多くの組合員を担当する熱心な渉外担当者です。頻繁に夜の遅い時間まで組合員の自宅等を訪問してＪＡの商品やサービスの紹介を行っていました。ある日、組合員のＢさんから、「職員Ａさんは、アポイントも取らずに夜の遅い時間に訪問してくることがある。迷惑だと感じているが、熱心な方なので言い出せない。支店長のほうから注意してもらえないだろうか」とＡさんの訪問に関する苦情の電話がありました。

支店長がＡさんに確認したところ、ＡさんはＢさんをはじめ組合員の自宅にアポイントを取らずに夜の遅い時間にたびたび訪問していることを認めました。Ａさんは、忙しさのあまり、ＪＡが定めている勧誘方針を詳しく読んだことがありませんでした。このため、自分の行動のどこが問題なのかがわかっていませんでした。

支店長は、Ａさんを含む職員が勧誘方針違反を起こさないように何かしなければならないと考えています。

事例から考えるポイント

●ＪＡが定める勧誘方針について考えてみましょう
●勧誘方針違反となる原因・対策について考えてみましょう

1 定義と考え方

（1）勧誘方針

「勧誘方針」とは、金融商品の販売等に関する法律で規定されているもので、適正な推進を確保するために、金融商品販売業者等が策定・公表しなければならないものです。

（2）ＪＡが定める金融商品の勧誘方針

預貯金や保険は金融商品に該当しますので、信用事業または共済事業を行うＪＡは金融商品販売業者等となります。そのため、ＪＡでは以下のような統一方針を定めており、各単位農協においてもこれをベースとした勧誘方針を定め公開しています。

（全国共済農業協同組合連合会ウェブサイト　平成13年4月1日公表分より）

本会は、金融商品販売法の趣旨に則り、共済の勧誘にあたっては、次の事項を遵守し組合員・利用者の皆さまの立場に立った勧誘に努めるとともに、より一層の信頼をいただけるよう努めてまいります。
①組合員・利用者の皆さまの商品利用目的ならびに知識、経験、財産の状況および意向を考慮のうえ、適切な共済の勧誘と情報の提供を行います。
②組合員・利用者の皆さまに対し、商品内容や当該商品のリスク内容など重要な事項を十分に理解していただくよう努めます。
③不確実な事項について断定的な判断を示したり、事実でない情報を提供するなど、組合員・利用者の皆さまの誤解を招くような説明は行いません。
④お約束のある場合を除き、組合員・利用者の皆さまにとって不都合と思われる時間帯での訪問・電話による勧誘は行いません。
⑤組合員・利用者の皆さまに対し、適切な勧誘が行えるよう役職員の研修の充実に努めます。

この他、ＪＡによっては高齢者等との取引に関する事項や取扱業者の監督に関する事項について定めている事例もあります。

（3）事例の解説

職員Ａさんは、所属するＪＡの「勧誘方針」を知らなかったために、「勧誘方針」（前記（2）連合会統一方針④）の違反を起こしました。

「勧誘方針」は勧誘をめぐるトラブルを防止し、組合員・利用者に安心して信用・共済事業を利用していただくためのルールです。ただ「勧誘方針」というルールが整備されていても、それを職員に周知徹底されていなければ、絵に描いた餅となり、今回のような「勧誘方針」違反が発生してしまいます。

そこで事前に「勧誘方針」を担当者に理解してもらう取組みや、事後的に「勧誘方針」違反がないか確認する取組みが必要になります。

2 「勧誘方針」に関する事前の取組み

まずは「勧誘方針」違反が行われないようにするための事前の取組みを考えます。

「勧誘方針」違反を起こさせないための事前の取組みとして、例えば、勧誘方針について研修・朝礼等により周知することがあります。研修や朝礼等で定期的に「勧誘方針」について説明することで、職員自身の理解が進み、職員Ａさんのように知らないうちに勧誘方針の違反を起こしてしまうことを予防します。

あわせて、上席者から職員に今後の訪問や営業活動の予定について確認する仕組みとすることにより、今回の事例のように、早朝や深夜などの時間の訪問の予定がある場合などは、事前にアポイントがある訪問・勧誘なのかを確認し、組合員・利用者の都合に合わせた訪問になるように、事前に上席者が指導することができるようになります。

3 「勧誘方針」に関する事後の取組み

次に、残念ながら「勧誘方針」違反が発生した場合に、それらを発見し、ＪＡとして適切な対応が行われるようにするための事後の取組みを考えます。

まず、職員の訪問や営業活動の結果を報告するための日次の訪問結果報告などの仕組みがあります。職員Ａさんの事例ですと、事後的に深夜の訪問がなされたことが訪問結果報告から明らかになり、組合員Ｂさんからの問い合わせに迅速な対応が可能となりますし、上席者によってこのような事態を苦情発生前に発見できる可能性が高まります。

次に、本支店等の組合員への対応部門、ＪＡバンク相談部門、コンプライアンス統括部門、等の関連部門が連携して苦情に対して真摯に対応することで、迅速に解決可能な態勢を整備・運用することがあります。実際には、今回のように組合員Ｂさんから上席者に直接連絡がくるとも限りませんので、関連部門が連携し、「勧誘方針」違反に適切に対処する必要があります。またこのような取組みそのものが、「勧誘方針」に具体的に対応するものでもあります。

【「勧誘方針」に対する取組み】

	事前の取組み	事後の取組み
目的	「勧誘方針」違反が行われないように予防・牽制を目的とする	「勧誘方針」違反が行われていないかの発見を目的とする
メリット	・実施に際して、(比較的) 労力が少なくて済む ・方針が周知されることによって、職員による違反行為が抑制される	・網羅的に確認することで、「勧誘方針」違反がないかどうかを検証できる ・重大な違反行為の行為が継続することを未然に防ぐこととなる
デメリット	・「勧誘方針」違反を完全に防ぐことはできない ・違反発生のリスクの重要度に応じた資源（人員や作業時間）を適切に配分できなければ、不要な業務時間の負荷が増加する	・実施に際して、労力がかかる ・違反行為を発見するプロセスが明確化されていない場合、違反の発見が遅れる、業務時間の負荷が増加する

まとめ

- 「勧誘方針」は勧誘をめぐるトラブルを防止し、組合員・利用者に安心して信用・共済事業を利用していただくためのルール
- 「勧誘方針」違反を防ぐには、まず職員自身が「勧誘方針」を理解する
- 「勧誘方針」の実効性を高めるには、「勧誘方針」の理解に加え、「勧誘方針」違反を予防・発見するため取組みを実行する

19 架空契約（自爆営業）

共済の専任渉外担当者である職員のＡさんは、高い目標の設定に日々頭を悩ませていました。担当するエリアが広く、支店の人員不足もあり、１人ひとりの訪問に時間をかけることができないことも契約獲得を困難にしていました。共済の仕組みや関連する法令などについても勉強をする必要があると思っていましたが、事業推進が忙しく研修の受講は先延ばしとなっていました。Ａさんは目標どおりに契約を獲得することができず、上席者からは日々の事業推進活動の報告とともに目標達成の見通しについて確認されることで気が重い毎日を過ごしていました。目標の達成が困難になったＡさんは「しかたがない。自身で申込書類を作成しよう。形式的なチェックだから見つかることはない。お金も自分が払えばよいのだから。」と考え、必要な書類を偽造するなどして組合員の名前を勝手に使用した架空契約をしてしまいました。その後、共済掛金の支払いが滞ったことから、掛金回収のために上席者が組合員を訪問するとＡさんに言ったところ、不正契約であることを告白しました。

事例から考えるポイント

●架空契約が生じうる状況について考えてみましょう
●本事例における不正行為について改善活動（原因分析）を考えてみましょう

1 定　義

「架空契約」とは、実在・実態のない共済契約のことであり「作成契約」ともいいます。共済の販売にあたって一定の目標が課された職員が、自身の目標を達成できないことが見込まれた場合等に、架空の共済契約申込書を作成して自ら共済掛金を支払い、自らの成績として計上することで目標を達成する手段として利用される事例が少なくありません。この「架空契約」については言うまでもなく不正行為にあたりますので、絶対に行ってはいけません。

では当事例を用いて、「架空契約」という不正行為が発生してしまった原因が一体どこにあったのか、Point 5で解説した、改善活動（原因分析）のうち「方針」「体制」「ツール」「教育」といった要素ごとに考えてみましょう。

2 不正の原因と再発防止に向けた取組み

（1）原因分析

①方　針

事例では、達成困難な目標が課されていたようです。達成困難な目標が設定されているにもかかわらず、その目標の達成が、最も優先しなければならない事項であると受け止めた場合、法令や規則を守らなければならないとの意識、すなわちコンプライアンス意識が低くなり、不正発生の原因となることがあります。

②体　制

その業務を実施することにあたって、必要な人員数や組織の構造となっているかどうかを考えます。事例では、担当するエリアが広く、事業推進の効率が悪かったことも契約獲得を困難にしていたようです。Aさんの所属する支店では人員不足となっていたようです。人員不足にもかかわらず、適時に人員が補充されてないことも体制の不備として不正発生の原因となることがあります。

③ツール

不正発見・防止に有効な、方法や仕組みの有無が問題となります。事例では、Ａさんは、契約に必要な書類を偽造して架空契約を行っています。上席者による契約に関する書類のチェックなど、不正発見・防止の仕組みが有効に機能していない場合は、不正発生の原因となることがあります。

④教　育

事例で日々目標の達成に頭を悩ませていたＡさんに、十分な教育や研修を受ける時間があったかどうかが問題となります。

（２）不正防止に向けた取組み

①方　針

目標の達成よりも、コンプライアンスが重要であることを方針とし、役職員に対して周知することが、関係者の意識レベルから不正防止に効果を発揮します。なお、本店・本所による方針だけでなく、支店・支所の方針としてより具体的な方針を明示し、より身近な方針として徹底することも効果があると考えられます。また、目標そのものについても新契約の獲得金額・件数のみを評価指標とすることから転換を図るというのも１つの考え方です。

②体　制

採用や人事異動には、時間を要することが多いことから、人員の問題はすぐには解決しないことが多いと思われます。長期的な視点で人員計画を作成するなどの対策が考えられます。また、短期的かつ支店・支所で対応が可能な対策としては、例えば、通常は他の業務を行っている職員（共済業務の経験者など）を予め補助要員と指定しておき、必要に応じて補助要員を活用するといった業務分担を見直すことも考えられます。

③ツール

本人確認書類が顔写真入りの書類でない場合など、偽造しやすい書類に基づいて契約する場合には、支払い方法についても確認する等、不正目線のチェック項目を増やして不正発見・防止の対策とすることが考えられます。支店・支所では、必要に応じて独自のチェックリストを作成するなど、本店等から示された様式等に追加でチェック欄を設けるなどの対策が考えられます。

④教　育

教育や研修を実施する部門は、共済の専任渉外担当者としての成長モデルを示すとともに、中長期的な研修スケジュールを立案し、対象者が必要な期間に受講できるように関係者間でのスケジュール調整を行い、対象者が確実に研修を受講できるようにすることが重要です。また、Ａさんの上司もただプレッシャーをかけるだけでなく、契約獲得が進まないＡさんに対してアドバイスをする等してＯＪＴ（オンザ・ジョブ・トレーニング：仕事を通じた職員教育）を実施することも、事業推進の手法を直接学ぶための大切な教育・研修の１つと考えられます。

不正防止のための取組みは、個別の施策を実施するだけでなく方針・体制・ツール・教育を組み合わせることにで、より効果的な不正防止対応となります。

【原因類型】

		原因分析の例示	改善策の例示
原因類型	方針	達成困難な目標が課されていること	目標の達成よりも、コンプライアンスが重要であることを方針とし、役職員に対して周知する
	体制	人員不足にもかかわらず、適時に人員が補充されてないこと	長期的な視点で人員計画を作成すること及び必要に応じて補助要員を活用するといった業務分担を見直す
	ツール	不正発見・防止に有効な方法や仕組がなかったこと	必要に応じて独自のチェックリストを作成する
	教育	十分な教育や研修を受ける時間を受けられなかったこと	中長期的な研修スケジュールを立案し、対象者が必要な期間に受講できるように関係者間でのスケジュール調整を行い、対象者が確実に研修を受講できるようにする

まとめ

- 目標の達成よりも、コンプライアンスが重要であることを方針とし、役職員に対して周知する
- 「方針」「体制」「ツール」「教育」といった原因分析の類型に応じた不正防止のための対応策を適切な組織で実行する
- 複数の施策を組み合わせて効果的な不正防止対策を実施する

20 重要事項の不告知

共済担当の職員Ａさんは、自身が担当するエリアに引っ越してきた組合員Ｂさんへ新規の終身共済への加入を勧めました。職員Ａさんと組合員Ｂさんは幼なじみであり、親しい間柄でもあったことから、組合員Ｂさんは「職員Ａさんが勧める共済だから契約して間違いはないだろう」と新規契約をすることを決めました。

職員Ａさんは重要事項説明書を見せて「この終身契約には特約がついているから、万一のときには共済一時金の受取額が増えるよ」と簡単に口頭での説明だけを行いました。また、何かあれば聞いてくるだろうと思って、詳細な説明をせずに重要事項説明書を渡しただけで新規に終身共済へ加入させました。

後日、組合員Ｂさんは改めて自身が加入した終身共済の契約内容を確認したところ、職員Ａさんから受取額が増えると聞いていた共済一時金は、生涯増額されるものではなく、一定期間増額される定期特約であることがわかり、「想定していた保障内容と異なることから解約したい」との申し入れがありました。

事例から考えるポイント

- 共済契約に関する重要事項の説明が必要になる場面を考えてみましょう
- 重要事項の不告知というコンプライアンス違反がもたらす影響を考えてみましょう
- 重要事項の説明に対するチェックや不告知の未然の防止対策を日頃から整備することの重要性について考えてみましょう

1 定義と考え方

共済契約に関する「重要事項」とは、利用者が共済仕組の内容を理解するために必要となる「契約概要」に関する情報と、利用者に対してあらかじめ注意喚起すべき「注意喚起情報」のことであり、これらの情報提供にあたっては、契約者に対して書面の交付および説明が義務付けられています（農協法11条の22、同法11条の24）。そのため共済契約の締結にあたっては、これらの情報が記載された「重要事項説明書」を共済契約の締結前に契約者に対して交付・説明することで理解してもらう必要があります。

今回の事例では、組合員Bさんに対して「契約概要」および「注意喚起情報」に関する情報を記載した「重要事項説明書」を交付しています。しかし、契約内容について詳細な説明をせずに、当該終身共済については特約がついており共済一時金の受取額が増加するといった漫然とした説明だけをしています。その結果、組合員Bさんは十分に理解していない状態で共済契約を締結してしまっており、職員Aさんは説明義務を適切に履行したとはいえず、コンプライアンス違反に該当します。今回の事例においては、少なくとも特約の有効期間、特約による保障額、共済金の支払事由など、契約の概要については詳細な説明をする必要がありました。これらの説明はたとえ職員と契約者が親しい間柄であっても説明義務が免除されるものではありません。したがって、不十分な説明に基づいて成立した共済契約については、消費者契約法により事後的に共済契約を取り消される可能性があります。仮に共済契約を取り消すことになった場合は、共済掛金で回収予定であった新契約コスト（新規の共済契約締結に要する事務コスト）の未回収といったかたちでＪＡへ損害を与え、また組合員に対しても不十分な説明のまま契約させられたことに対するＪＡへの不信感が生まれるなど、有形・無形の損害を与える可能性があります。

2 重要事項の不告知を未然に防止するための取組み

（1）職員に対する研修の実施

「重要事項」に関する説明の必要性について、研修等を通じて職員に対して周知していくことが重要です。なお、共済契約についてはＪＡによって一斉推進活動として全職員で取り組んでいる場合もあります。その場合は全職員が研修を受講できるように、例えば同様の研修を複数回実施するなど工夫することで、関係する職員全員が研修を受講できるようにする必要があります。

（2）「重要事項」の説明に関するチェックシートの作成

共済契約の新規締結時には契約者に対して「重要事項」の説明を実施したことが明らかになるように「重要事項」を各項目に細分化したチェックシートを作成し、職員および契約者双方が「重要事項」に関する説明の実施について認識相違がないように記録を残すことが重要です。チェックシートによる説明および記入は職員が組合員に対面して実施し、利用者の理解が不十分な項目については質問に応じて追加説明を行い、契約者が十分に理解した後に自書にて記名することとして、理解不足のままで契約することを防止します。また、すべての契約でチェックシートを作成するとともに当該チェックシートを契約書等の他の書類とあわせて保管することで第三者が事後的に契約者が十分理解して契約したことを確認することが可能となります。

（3）「重要事項」の説明に関するチェックシートの上席者等による確認

作成した「重要事項」の説明に関するチェックシートについては、担当職員以外の上席者等が、すべての共済契約の締結にあたり契約書等の他の書類とあわせて内容を確認し、契約者へ「重要事項」を十分説明し理解を得たうえで契約していることを確認することが重要です。

（4）担当者以外から契約者への電話等による事後確認

共済契約の成立後、担当職員以外の職員があらためて契約者へ電話または訪問により契約内容および契約時に十分な説明が行われたことを確認することにより、事後的に「重要事項」に関する説明が十分なされていたか、契約内容を十分に理解したうえで契約したことが確認可能となります。なお、上席者等が事後的に契約内容を確認することで、架空契約についても発見できる可能性があります。

防止	**職員への研修の実施** 「重要事項」に関する説明の必要性について、研修等を通じて職員に対する周知	**チェックシートの作成** 契約者に対して「重要事項」の説明を実施したことが明らかになるように「重要事項」を各項目に細分化したチェックシートの作成
発見	**チェックシートの査閲** 上席者等によるチェックシートの作成状況・確認状況の確認	**電話・訪問による事後確認** 担当職員以外の職員による契約者宅への訪問または電話による契約内容の事後確認

まとめ

- 農協法によって定められた取引時確認をすべての契約において実施する態勢とする
- 共済事業にかかわるすべての職員に対して、重要事項の説明が求められる背景および説明を怠って取引を実施した場合の影響の大きさを研修等によって周知する
- 重要事項の説明に関するチェックシート作成し、第三者による事後確認を導入することにより、重要事項に関する説明が確実に実施される内部管理態勢を構築する

21 取引時確認

共済担当の職員Ａさんは、担当地域の組合員Ｂさんより「今まで病気知らずで共済は不要だと考えていたが、子どもが生まれたので共済へ加入したい」と申し出を受けました。職員Ａさんは組合員Ｂさんが希望する一時払終身共済の商品概要や重要事項を説明して、加入を希望する共済の内容について十分な理解を得てもらいました。

加入に必要となる書類への記入も終わり、最後に職員Ａさんは「取引時確認をさせてください」と伝えたところ、組合員Ｂさんは「取引時確認？　この期に及んで不要でしょう」と少し不快感を示しました。職員Ａさんは組合員Ｂさんと顔馴染みであり、個人的にもよく知っている人物であったことから「不快感を表しているので取引時確認は省略しよう。大丈夫、組合員Ｂさんのことはよく知っているから」と安易に考えて、取引時確認を実施しないまま共済契約を締結しました。

事例から考えるポイント

●取引時確認が必要になる共済取引とはどのような取引が対象となるのかを考えてみましょう
●取引時確認を怠るというコンプライアンス違反がもたらす影響について考えてみましょう
●取引時確認に対するチェックや未然の防止対策を日頃から整備することの重要性について考えてみましょう

1 定義と考え方

「取引時確認」とは、犯罪から得た資金の洗浄（マネー・ローンダリング）およびテロ資金の供与を防止するなどのため、「犯罪による収益移転防止に関する法律」（以下、犯収法）に基づき、取引に際して、本人特定事項（氏名、住居、生年月日等）、取引を行う目的、職業又は事業の内容、法人の場合は実質的支配者の確認をすることです。ＪＡについても犯収法が規制対象とする「特定事業者」に該当するため、信用事業とともに共済事業に関する以下の取引については「取引時確認」が必要とされます。（全国共済農業協同組合連合会ウェブサイトより）

・新規に共済にご加入されるとき
・年金、満期共済金、解約返れい金等の支払いのとき
・200万円を超える大口現金等での取引をされるときなど

これら共済事業に関する取引実行時には原則として「取引時確認」が必要ですが、過去に犯収法に基づく「取引時確認」を実施しており、当該ＪＡに確認記録が適切に保管されている等の一定要件を満たせば省略することができる場合もあります。

このように「取引時確認」については、犯収法という法律に基づく要求事項であり、「取引時確認」を不要または省略するには、当該取引が「取引時確認」の

対象外取引であるか、または省略要件を満たしているかどうかを確認する必要があります。したがって、今回の事例のように「顔馴染みであり、個人的にもよく知っている人物であった」という理由だけでは、「取引時確認」を省略することは認められないため、コンプライアンス違反に該当します。

「取引時確認」は犯罪から得た資金の洗浄（マネー・ローンダリング）およびテロ資金の供与を防止するための施策の１つとして実施が要求されるものであり、特定事業者に該当する場合は必ず対応が求められます。そして、その対応は各職員の対応に限らず、ＪＡとして組織的な対応が求められます。したがって、今回の事例のように、職員個人の誤った判断により「取引時確認」を怠った場合、結果としてマネー・ローンダリングやテロ資金とは無関係の取引であったとしても、ＪＡとして「取引時確認」を怠った状態で取引を実行したという事実を重視して、ＪＡの内部管理態勢自体に不備があると評価を受ける可能性もあります。その場合、行政処分を受けるといった形で対外的に公表されるなど、信用失墜にもつながります。

2 取引時確認の実施漏れを予防するための対策

（1）職員に対する研修の実施

「取引時確認」が必要となる共済事業に関する取引について、研修等を通じて職員に対して周知していくことが重要です。なお、共済契約についてはＪＡによって一斉推進活動として全職員で取り組んでいる場合もありますが、その場合は全職員が研修を受講できるように、例えば同様の研修を複数回実施するなどの工夫をすることで、職員に対して研修受講の機会を与える必要があります。

（2）取引時確認の要否判定チェックシートの作成

共済契約の新規締結時には契約者に対して「取引時確認」の実施要否を確認するためのチェックシートを作成し、「取引時確認」の要否判断の根拠が明確になるようにすることが重要です。また、当該チェックシートについては、第三者が事後的に確認することができるように新契約に関する一件書類とあわせて保管するなど、すべての契約に関して保管する必要があります。

（3）取引時確認の要否判定チェックシートの第三者による確認

作成した「取引時確認」の要否判定チェックシートについては、担当職員以外の上席者等が、新契約に関する書類とともに再度内容を確認し、全契約について漏れなくチェックシートを作成していることを確認し、「取引時確認」の要否判断が正しくなされていることを確認することが重要です。

【取引時確認の要否のチェックシートの例】

契約日時	契約者	契約内容	(1) 取引時確認が必要な取引か	(2) (1) 取引時確認対象だが、省略可能な項目か	(3) (1) に該当かつ (2) に該当しない場合、取引時確認を行ったか	確認者欄
20xx/xx/xx	組合員Aさん	共済契約Aプラン	事務手続要領に照らして対象となる取引であると判断した	特定取引。確認の省略は不可能な内容であり、確認した	20xx/xx/xx 同日に確認した。	報告書を受領し手続完了を確認した
・						
・						

まとめ

●取引時確認は犯収法によって求められる手続きである

●共済事業に関わるすべての職員に対して、取引時確認が求められる背景および確認を怠って取引を実施した場合の影響の大きさを研修等によって周知する

●研修の実施やチェックシートの作成と第三者による事後確認を導入することにより、取引確認が確実に実施される内部管理態勢を構築する

22 告知義務違反

職員のＡさんは、共済の専任渉外担当者です。Ａさんは、懇意にしている組合員Ｂさんを訪問し、共済契約の契約締結を勧めましたが、Ｂさんは「Ａさん、私は２～３年前に病気で手術経験があるため、契約するのは難しいのではないかな。もし契約できたとしても、月の保険料の負担が大きくなってしまうだろうし、とてもそんな余裕はないよ。子どもの習い事や妻の買い物で出費がかさんでいるしね。」と断りました。

そこで、Ａさんは「Ｂさんのご事情はわかりました。では、こうしましょう。告知書の書面上は、病歴はなかったことにしておきましょう。健康診断結果の書類などの提出は特に不要ですから、Ｂさんさえ黙っていてくだされば、問題となることはありません。大丈夫です。お子さんもまだ小さいですし、万が一何かあったときの備えをしておきましょう。」とＢさんを言い含めて共済契約の締結を行いました。

事例から考えるポイント

- 共済契約の締結にあたって、告知義務の必要性について考えてみましょう
- 告知義務違反が判明した場合の共済契約の取扱いおよび告知義務違反の指南がどのような点でコンプライアンス上の問題点となるかについて考えてみましょう
- 告知義務が適切に実施されるための取組みについて考えてみましょう

1 定義と考え方

「告知義務」とは、共済契約の締結に際し、共済契約者や被共済契約者が共済者に対し、危険測定上重要な事実を告げ、また重要な事実について不実のことを告げない義務のことをいいます。重要な事実とは共済者が共済を引き受けるかどうか、引き受けるとして共済掛金をいくらにするかを決定するにあたって影響を及ぼす事実のことです。

共済契約の締結にあたっては契約当初から健康状態がよくない（病気になる可能性が高い）人に特別な条件を課したり、排除したりし、できる限り加入者間の公平性を保つために告知義務を課しています。

「告知」については共済契約が成立するための３要件（承諾・告知・入金）の１つであり、有効な共済契約成立のために不可欠な要素です。そのため、３要素の１つでも要素が欠けると有効な共済契約として成立しないことになります。したがって、重要な告知義務違反がある場合、共済契約が解除される場合や、共済金が支払われない可能性があります。一方で、共済契約媒介者が共済加入者に告知事項の告知をしないよう指示した場合や不実告知をするといった、告知義務違反を勧めるような行為（不告知教唆）を行った場合には、共済契約の契約者は共済契約を解除することはできません。

また、利用者に対して告知義務違反を指南することは、農協法11条の24で共済契約者または被共済者に虚偽のことを告げることを勧める行為として禁止されています。

2 告知義務違反を予防・発見するための取組み対策

告知は、保険に加入するうえで最も重要な要素といっても過言ではありません。なぜなら、告知義務違反があった場合には、契約者の立場では保険金の支払が行われない可能性があり、保険者の立場では予期せぬ損害を被る可能性があるためです。万が一の時に必要になるのが保険であるにも関わらず、告知をわざと誤ったり漏らしていたりする故意または告知をしなければならないという通常払うべきことができた注意を相当程度怠ったことによる重過失と判断され、場合によっては保険金が支払われないことも、少なからずある話です。

【裁判事例】

番号	裁判所・判決日	認定	事案の概要
1	神戸地判平成 17 年 11 月 28 日	故意	肝機能および脂質の数値が基準値を超えており「要継続治療」とされた健康診断結果の不告知
2	大阪地判平成 24 年 9 月 13 日	故意または重過失	肥満、糖尿病、総コレステロールの異常値についての検査結果の不告知
3	東京地判平成 25 年 5 月 21 日	故意または少なくとも重過失	下肢慢性動脈閉塞症との診断を受け、治療を受けていた事実の不告知

それほど重要な要素であるにもかかわらず、告知は基本的に自己申告に基づき行われるため、告知義務違反がないようにするためには、十分に注意する必要があります。具体的には、以下のような対策を講じることが、予防・発見につながると考えられます。

(1) 告知義務違反を予防するための取組み

①共済契約の契約締結時には「告知」が成立要件の1つであり真実を告げることが重要であることを職員に研修等を実施し周知する

②共済契約の契約締結時に告知義務違反があった場合には契約無効になる場合があるなど、書面または支店（支所）に掲示するなど広く組合員に対して周知する

（2）告知義務違反を発見するための取組み

①組合員との共済契約の契約締結にあたって、ＪＡ職員が契約者に対して告知内容を確認したチェックシートを契約の勧誘にあたった担当者が所属する部門以外の部門がチェックする態勢とする。

②組合員との共済契約の契約締結にあたって、ＪＡ職員が契約者に対し告知内容に告知漏れおよび不実がないかを電話等により確認する。その際、不実があった場合の取扱いについてもあわせて説明する。

まとめ

- 「告知」が共済契約成立条件の１つでありその重要性や内容の正しい理解を研修等で周知する
- 適切に告知内容の確認が行われたことをチェックするための態勢を整備する
- 告知義内容に不実な事項がないことについての契約者への電話等により確認する

23 共済掛金の横領（架空契約による横領）

共済の専任渉外担当者Ａさんはギャンブルが趣味です。最初の頃は小遣いの範囲内に抑えていたものの、仕事のストレスを発散するようにどんどんのめり込み、ついには借金をしてギャンブルにつぎ込むようになりました。子どもの成長につれて学費もかさみ、気づけば消費者金融に多額の借金を抱え、返済に追われる日々。いよいよ返済が困難になり頭を抱えたＡさんは、「そうだ、組合員さんから集金したお金を拝借しよう。家族を守るためには仕方がない。少しくらいいだろう。」と考えます。

Ａさんは、懇意にしている組合員Ｂさん（共済加入者）に、「損はしません、面倒な書類は私のほうで作成しますのでお願いしますよ。」と追加で新たに別の共済への加入を勧め、Ｂさんから承諾を得ました。支店に戻ったＡさんは、誰にも見つからないように共済契約申込書を偽造し、翌日、再度Ｂさんを訪ね、偽造した共済契約申込書に基づき掛金を受け取り、ＪＡの指定ではない市販の領収書を発行しました。そして、Ａさんは偽造した書類を廃棄し、Ｂさんから集金したお金を横領しました。

事例から考えるポイント

- 本事例における「不正のトライアングル」の「動機」と「正当化」について考えてみましょう
- 本事例における不正の手口を整理したうえで、「不正のトライアングル」の「機会」について考えてみましょう
- 不正を予防・発見するための対策としてどのようなものが考えられるでしょうか

1 定義と考え方

横領とは、他人から委託を受けて占有している物を自己の物として処分する行為をいいます。今回の事例では、Aさんは共済契約申込書を偽造して架空の共済契約を締結し、組合員から共済掛金支払いの委託を受けて、金銭をだまし取っていることから、横領にあたります。

2 不正を予防・発見するための対策

今回の事例を、Point 2で解説した「不正のトライアングル」にあてはめて考えてみます。

（1）動機・正当化

Aさんは、借金苦という動機のもと、「家族を守るため」「少しくらいならいいだろう」といった正当化により、不正に手を染めています。動機や正当化は本人の心の問題であるため直接的に抑制することは困難ですが、以下のような対策を講じることが間接的に抑制につながると考えられます。

・支店長または職員間で日常的にコミュニケーションをとり、ギャンブル好き、お金に困っている、無断欠勤・遅刻の増加、仕事のミスの増加等、不正の動機が疑われる状況や職員の変化を把握し、職員配置や職務分掌を決定する際に考慮する。

・上席者と職員が定期的に面談するなどにより、不正の動機を有した職員が不正に踏み出す前に上席者等に相談できる環境をつくる。
・不正の動機が疑われる状況にある職員が関係する取引について、例えば、上席者が抜き打ちで同行訪問するなどによる牽制を強める
・役員を筆頭に、コンプライアンス所管部署、支店長等が、ＪＡ職員として倫理観をもって行動する重要性を職員に対して繰り返し周知し、倫理的な行動を促す

（2）機　会

Ａさんは、共済契約申込書を偽造、組合指定ではない市販の領収書を発行するなどして新規の契約を偽装し、Ｂさんに真正な契約に基づく掛金の支払いであると誤認させ、横領しています。このような不正を可能とさせないためには、以下のような内部統制を構築することが効果的です。

①　不正を予防するための内部統制

・掛金など現金の入金について、集金による方法を廃止して振込みまたは口座引落しとする方針とするとともに、当該方針について組合員に周知する
・領収書について、連番を付したＪＡ内で指定した様式を使用し、管理簿等による受払い・残高管理、連番管理を徹底するとともに、組合統一の領収書様式を使用しており市販の領収書を発行することはないこと、通常と異なる領収書を受け取った場合には一報いただきたい旨を組合員に周知する（組合員への周知の方法例）　支店内貼り紙、組合員への通知文書、組合員への訪問等
・渉外日報等により渉外担当者の行動計画・実績の確認を徹底し、不自然な行動がないか確認する
・定期的な人事ローテーション、職場離脱を徹底する

②不正を発見するための内部統制

・内部監査や支店長が抜き打ちで職員の持ち物検査を行い、現金、契約書類、規定されていない領収書冊等がないか確認する。
・組合員に対して、不定期にサンプルで契約内容の確認を実施する。
・本店管理部門職員や支店長が組合員宅を訪問し、契約締結漏れや事業推進の状況を確かめる
・内部通報制度を整備し、役員による発信、社内研修等による周知、ポスター掲示、携帯カード配布等により、職員への浸透を図る

【社内の不正発見の端緒】

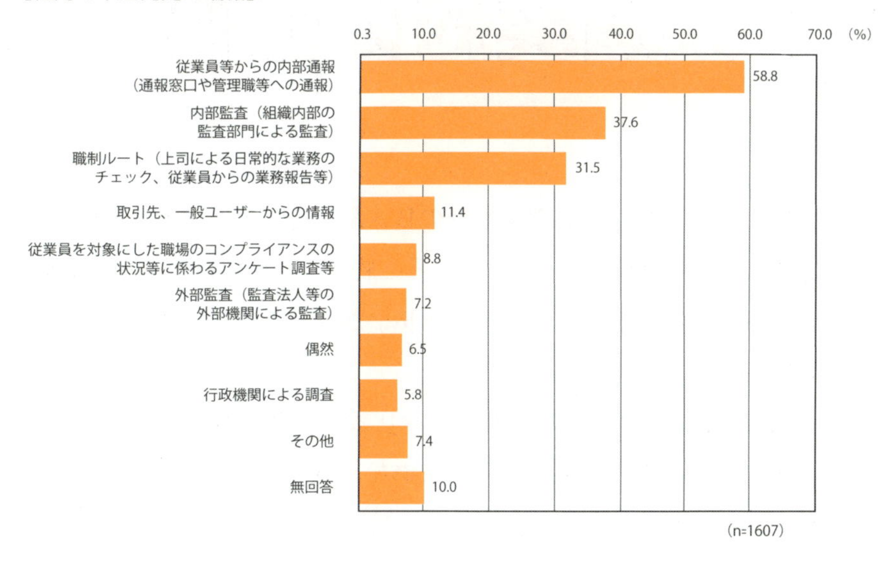

（出所）消費者庁「平成28年度民間事業者における内部通報制度の実態調査報告書」

まとめ

●日常的なコミュニケーションによって職員の状況を把握するとともに、倫理観を浸透させる

●集金の廃止や渉外行動管理を徹することで、不正を予防する

●抜き打ち検査、担当者以外による訪問、内部通報制度等により、不正を発見する

24 共済契約の転換

窓口係Ａさんは、共済契約者のＢさんから「ここ数年、不作続きで収入が落ちているのに、いろいろと物入りで大変だよ。共済掛金、何とか安くならない？　月々の支払いが安くなれば何でもいいよ。」と契約見直しの相談を受けました。

Ａさんは、共済契約の掛金のみを比較し、「掛金をお安くということでしたら、現在ご契約中のＣ共済からＤ共済へ変更されてはいかがでしょうか。掛金が今と比べて月額○○円抑えられます。」と提案しました。これを聞いたＢさんは、「それに変える、助かるよ！　今すぐ変更手続してよ。急いでいるから、最短でお願いね。」と即決しました。

Ａさんは、急ぎとのことなので、当初の契約時に重要事項の説明を受けているから省略して構わないだろうと、重要事項の説明もせず、「では、転換を承ります。こちらの用紙に必要事項をご記入いただけますか。」と転換手続を進めました。

事例から考えるポイント

- 重要事項説明が必要となるのはどういった場面か考えてみましょう
- 「掛金が安くなれば何でもよい」といった顧客の発言を鵜呑みにして、掛金以外の保障内容等重要事項を説明しなかった場合、どのような問題が生じるか考えてみましょう
- 確実に重要事項の説明を行うための対策について考えてみましょう

1 定義と考え方

共済契約の転換とは、現在加入中の１つ以上の契約の共済掛金積立金等を充当し、他の種類の契約に変更する制度であり、既存の契約を解約して得たお金をもとに新たな契約に乗り換えることをいいます。

車の下取りを例にして考えてみましょう。新たに車を購入するときに古い車を買い取ってもらい、その買取金額を新車の代金に充当することができます。共済契約の転換の場合、既存の契約で貯まった積立金等を新契約に充当して新契約に変更することができます。

転換により、保障内容の見直しやライフステージにあった保障へ変更することが可能です。

【転換のイメージ】

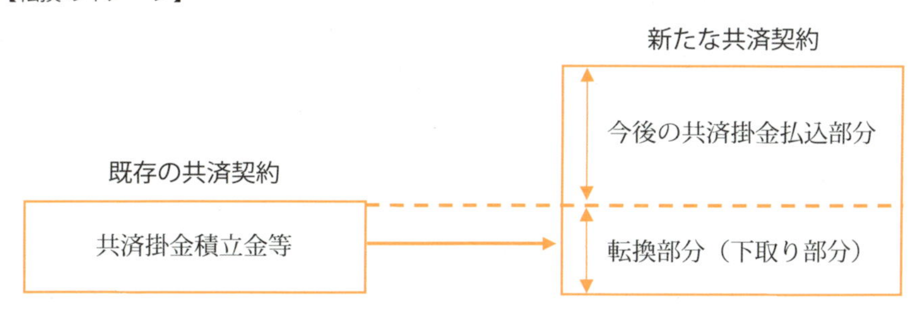

2 転換時の留意点

転換は、新たな契約の締結という点では通常の契約締結と同じであり、当然に重要事項の説明が求められ、これを実施しないことは法令違反になります。また、保障内容等について十分な説明を実施しないまま転換した場合、後になって契約者とトラブルになるおそれがあります。

このため、たとえ申込者から「掛金が安くなりさえすればよい」、「重要事項の説明は当初に受けたから不要」といった発言を受けた場合でも、重要事項の説明は組合の義務であること、契約内容を十分に理解して契約を締結することが共済申込者にとっても重要であることを伝え、重要事項の説明を徹底する必要があります。

また、契約者の要望が掛金の引き下げであったとしても、いざというときに契約者が困ることにならないように、共済担当職員は単に掛金が安い商品を提案するだけでなく、保障内容等その他の観点を考慮して契約者に適した商品を複数提案し、それぞれのメリット・デメリットをわかりやすく説明することで、契約者による最善の選択をサポートすることが重要となります。

3 転換時に重要事項説明を失念させないための対策

(1) 重要事項の説明漏れを予防するための内部統制

重要事項の説明漏れを予防するための内部統制として次の対策があります。

- 転換も含めて共済契約の申込みにあたっては、事前に重要事項を十分に説明する必要があることを役職員に研修等を通じて周知する
- 共済担当職員が転換を含む共済申込者に対して事前に重要事項を説明したことを確認するチェックシート(以下、「重要事項説明チェックシート」という)を整備し、当該チェックシートを申込受付書類に含める
- 支店内の貼り紙や組合員への通知文書等により、職員から事前に重要事項の説明を受け、契約内容を十分に理解したうえで、共済契約の申込みを行うことが重要であることを広く組合員に周知する

（2）重要事項の説明漏れを発見するための内部統制

重要事項の説明漏れを発見するための内部統制として次の対策があります。

・転換契約も含めた共済契約申込書の受付にあたり、前記の重要事項説明チェックシートに漏れなくチェックがあることを共済担当職員以外の職員が確認する
・共済申込者に対し、職員が事前に重要事項を説明したことを書面・電話等により確認する

まとめ

●契約転換における重要事項説明の必要性を役職員に対して研修等で周知する
●重要事項の説明を受け、契約内容を理解したうえで共済契約を締結することが重要であることを通知文書等により組合員に周知する
●重要事項説明チェックシートにより、職員が事前に重要事項を説明したことを確認できる内部管理態勢を構築する

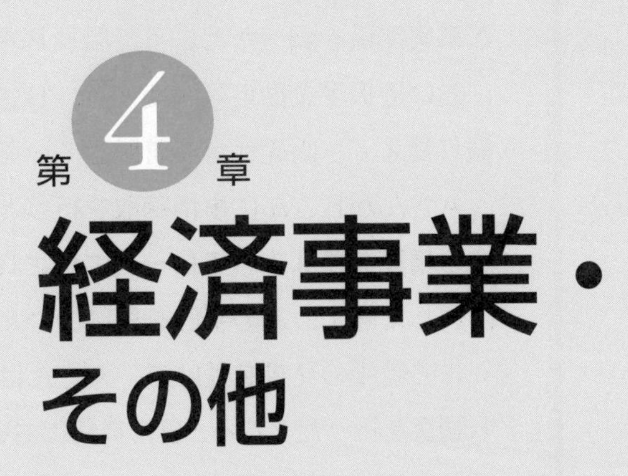

第4章 経済事業・その他

25 販売代金の着服

甲営農センターのセンター長Ａさんは、水稲生産者Ｃさんから、「米の販売代金が支払われていない」との連絡を受けました。Ａさんが事実関係を調べたところ、職員Ｂさんが米の販売代金の精算事務において仮受金勘定等を使って、Ｂさんの口座へ当該代金を不正に振り替えて、販売代金を着服していることが発覚しました。

Ａさんが Ｂさんに事情聴取を行うと、「現場が忙しく、米の販売代金の精算業務はすべて私一人に任されていた。カードローンの返済に窮した際に、この手口を思いついた」との回答がありました。

この着服の発覚を受けて、Ａさんは日常の内部管理態勢についても調査を行ったところ、日常業務において、当事者単独で伝票起票・承認までが可能となっていることを確認しました。しかし、営農センターの人員には限りがあり、すべての業務について適切な職務分掌を行うことは困難な状況です。Ａさんは発見した問題について、どのように対応していくべきか悩んでいます。

事例から考えるポイント

- 組合員へ支払うべき米の販売代金を職員が無断で保有あるいは費消していた場合に、どのようなコンプライアンス違反となるか、考えてみましょう
- 今回の事例において、着服が発生した原因について考えてみましょう
- このような不祥事が生じることのないよう、整理すべき内部管理態勢について考えてみましょう

1 定義と考え方

「着服」に相当する行為とは、一般的に自己が直接に扱うことのできる金銭等を正当な手続を経ずに自己の所有物にすることをいい、今回の事例では、Bさんが組合の業務上で預かったCさんに支払われるべき精算代金をBさんのローン返済に充てていたことから、当該行為は着服にあたると考えられます。

また業務上自己の占有する他人の物品を不正に自己の所有物としていることから、刑法253条の「業務上横領罪」にも該当するおそれがあります。

2 着服行為の予防・解決に向けた取組み

（1）本件コンプライアンス違反のポイント

今回の事例では、Bさんによる着服行為および内部管理態勢による着服行為の防止・発見ができなかった（本事例ではCさんから相談があって初めてBさんの着服に気づくことができた）ことがコンプライアンス上の問題となります。

組合員への精算代金に関する着服が組合のなかで発生した場合、組合員が直接的に被害を受けること、刑事処分の可能性にまで発展することから、組織内外に開示される重大なコンプライアンス違反行為になるケースが多いと考えられ、組合が取り組むべき重要なポイントになります。

（2）今回の事例ではなぜ着服が発生したのか

重大なコンプライアンス違反となる着服行為を防止する有効な内部管理態勢を

構築するために着服が発生した今回の事例の原因分析を行います。

まず、組合員への精算代金を取り扱う重要な業務であるにもかかわらず、単独で業務を行うことができる環境にあり、精算実施と仮受金勘定の管理の両方をＢさんが行っていたことが、直接的な着服の機会になったと考えられます。

次に、営農センターの人員が少ないことを理由にして日常的に当事者単独で業務が行われることをやむを得ないとする内部管理態勢を軽視した組織全体の風土となっていたことが着服の機会を拡大させる間接的な要因になったと考えられます。

（３）内部管理態勢の構築

実際の業務を行う職員当事者と組織単位（ＪＡ全体で構築して支店・拠点単位で運用）の内部管理態勢の見直しを検討することが有用と考えられます。また、内部統制を予防的統制（当事者、組織）と発見的統制（当事者、組織）の４つの観点から必要な内部管理態勢を検討しましょう。

①予防的統制、職員当事者

販売代金の精算を口座振込にすることや、振込処理や現金精算を行う場合に、精算を行う担当者以外の職員による内容確認を徹底すること、使用する領収書に連番を付したＪＡ共通の様式とすることなどが、着服の防止につながると考えられます。

②予防的統制、組織

職員にコンプライアンスの重要性を周知するため、コンプライアンス研修を実施することが考えられます。ＪＡ全体での研修のほかに各支店・拠点において少人数での研修、具体的な事例を用いた職員間でのディスカッションやコンプライアンス違反者の社会的制裁の状況などを効果的な研修を実施します。このほか、内部監査や自主検査による事後的なチェックだけでなく、事務指導部署による指導等によって着服を事前に防止できるような事務手続の改善に継続的に取り組むことも考えられます。

③発見的統制、職員当事者

日締め作業で、役席者が当日の現金の動きを領収書の使用状況等と照らして確認すること、当日の貯金口座や仮受金勘定等に異常な動きがないことを確認すること、定期的に債権・債務残高の確認を相手先に実施することなどが考えられます。

④発見的統制、組織

着服を発見するための組織的な仕組みとして、コンプライアンス違反に関する通報窓口の設置、内部監査や自主検査による日常業務のチェック、事務指導部署による臨店指導によるチェックなどが考えられます。また、仮受金や別段貯金といった仮勘定の残高と増減内容を月次等で決算担当部署が確かめることも効果的です。

【予防的統制と発見的統制】

なお、人員不足を理由として重要な予防的統制および発見的統制が運用できない場合には、増員や支店・拠点間での応援体制の構築、業務の拠点集約、システムによる自動化等に取り組む必要があると考えられます。

まとめ

- 販売代金の着服は、ＪＡにとって重大なコンプライアンス違反であることを理解する
- 予防的統制（当事者、組織）では、口座振替を原則とするとともに、現金精算・振込精算時において複数人によるチェックを徹底する
- 発見的統制（当事者、組織）では、日々、現金の動きと領収書の整合性と、貯金口座や仮受金勘定について異常な動きのチェックを徹底する

26 景品表示法

ＪＡが経営するスーパーの鮮魚部門担当者であるＡさんは、土用の丑の日に行う「うなぎフェア」のために、うなぎの蒲焼をいつもの業者に発注したところ、ニュースなどで今年のうなぎは高値だと聞いていたにもかかわらず、昨年の仕入価格と変わらない価格で仕入れることができました。少し疑問に思いましたが、昨年よりも発注量を増やしたからかなと思い、業者に問い合わせることはしませんでした。Ａさんは、他店よりも安値をつけても十分に利益が出る見込みであることから、うなぎを目玉商品として「土用の丑の日 極上うなぎ 国産 大特価」とＰＯＰ（販売促進のための広告）に記載して販売しました。

「うなぎフェア」の売れ行きは好調で仕入れたうなぎは、すべて販売しました。しかし、行政による立入調査が入り、調査の結果、うなぎが外国産である点、極上および大特価と表示する客観的な根拠がない点について、景品表示法における不当な表示にあたると指導を受けました。

事例から考えるポイント

●Ａさんは POP の掲示にあたり、どのような法令を理解しておかなければならなかったか考えてみましょう
●事例のようなコンプライアンス違反に対して、ＪＡはどのような対策が必要か考えてみましょう

1 景品表示法の概要

（1）景品表示法とは

景品表示法（正式には「不当景品類及び不当表示防止法」という。）は、実際より良いように表示されたり、過大な景品類等が提供されたりした場合、消費者に選択を誤らせ、利益を損なうおそれがあるとして、このような不当な表示および過大な景品類の提供に対して規制しています。

今回の事例では、ＰＯＰにおける表示が問題となっていますので、景品表示法で規制される不当な表示が関係しています。

（2）不当な表示

不当な表示の禁止は、一般消費者に商品・サービスの品質や価格について、実際のもの等より著しく優良または有利であると誤認される表示を禁止するもので、景品表示法５条において以下の３つを禁止しています。

①優良誤認表示

商品やサービスの品質、規格、その他の内容について、実際のものや事実に相違して競争事業者のものより著しく優良であると一般消費者に誤認される表示の禁止。

②有利誤認表示

商品やサービスの価格、その他の取引条件について、実際のものや事実に相違して競争事業者のものより著しく安くみせかけるなど、取引条件を著しく有利にみせかける表示の禁止。

③その他、誤認されるおそれがある表示

一般消費者に誤認されるおそれがあるとして内閣総理大臣が指定するものを不当表示として禁止。

【食品小売業における不正な表示の違反例】

●優良誤認の表示例

・根拠なくポリフェノール含有量が日本一と表示

●有利誤認の表示例

・通常価格を一時的に引き上げし、当該価格に対して「半額」と表示

●その他の違反表示例

・仕入していないにも関わらず、その商品が販売できるようなおとり表示（おとり広告）

（出所）消費者庁表示対策課　景品表示法における違反事例集　平成28年２月

（３）措置命令と課徴金

このような景品表示法に違反する行為があると認められるときは、消費者庁より違反行為の差止めもしくは再発防止策を講ずること、または違反したことに対する一般消費者への周知徹底等の必要に応じた措置が命じられます。また、優良誤認や有利誤認をした場合には、対象取引の売上額に３％を乗じた額に相当する課徴金の納付を命じられることがあります。

2 今回の事例と景品表示法の関係

（１）「極上」の表示

景品表示法では、「極上」といった用語は、一定の優良性を一般消費者に認識させるものであり、客観的な根拠に基づかないで「極上」等の用語を使用した場合には優良誤認表示に抵触するとしています。

Ａさんは、いつもの業者が扱う商品が良品質であると主観的に思っていたため、ＰＯＰに「極上」と記載しましたが、このような場合には商品の優良性を示す客観的な根拠に基づかなければならないという認識が欠けていました。

（２）「原産地」の表示誤り

景品表示法では、今回の事例にように「外国産」のうなぎの蒲焼を「国産」と誤表示したことは、優良誤認表示に抵触するとしています。

Ａさんは、いつもと同じ業者からの仕入れであり、今回も当然に国産品であろうとの思い込みにより、原産地の確認を怠っていたことが要因と思われます。

（３）「大特価」の表示

景品表示法では、「大特価」の表示は、一般消費者に販売価格が安いとの誤認を与えるものであり、合理的な根拠がない場合には有利誤認表示に抵触するとしています。

Ａさんは、いつものタイムセールは値引き権限が与えられており、今回も同様の行為であると思い込み、自己判断のみで「大特価」とＰＯＰに記載していました。

3 事例に基づくコンプライアンス対策

（１）現場レベルへのコンプライアンスの浸透と整備

担当者の景品表示法への認識不足や事実確認の欠如、承認体制の不備が、コンプライアンス違反の発生した原因と考えられます。

景品表示法のようにスーパーなどの特定現場で問題となるコンプライアンスについては、個別具体的に遵守させるべき内容をルール化し、そのルールを現場に周知させるとともに運用を徹底させることが必要です。

（２）現場レベルでのルール化と運用

現場レベルでのルール化をより実効性のあるものとするために、単に法令条文等を羅列して漠然と「遵守しているか」などとするのではなく、業務に即したルールを策定していくことが有効です。また、ルールを形骸化させず周知徹底した運用を行うためには、担当者任せにせず、担当者が実際に業務をする際にルールに従っているかどうかを見える化し、責任者が継続的に管理していくことが必要です。

また、担当者にはＰＯＰ作成の都度、個々のルールに対して網羅的にチェックさせ、事実確認や合理的な根拠が必要な場合には証票を添付させて事実を明確化させるようなチェックリストを作成する必要があります。担当者名を明記したチェックリストのような形式にすれば、誰がどのような点をチェックしたのか、事実や根拠からコンプライアンス上問題ないかどうかなど、適切な運用ができているかどうか管理者が確認することもできます。

【ＰＯＰ作成チェックリスト例】

	氏名	日付
担当者		
責任者		

No.	チェック項目	チェック
1	有利誤認に抵触していないか。	✓
2	基準価格に合理的な根拠があるか。	✓
3	原産地は合理的な根拠に基づいているか。	✓
4	・	
5	・	

まとめ

●景品表示法のような個別具体的なコンプライアンス対応は、現場レベルに落し込んだルールを整備する

●現場の業務に即したルール化と見える化による運用によりコンプライアンスを推進する

●ＰＯＰ作成時にチェックリストによるチェックを実施し管理者により確認を行う内部管理態勢とする

27 不当な二重価格

生産資材店のパート職員Ａさんは、組合員さんから「最近、近くに開店したホームセンターのほうが安いものがあるよ。ＪＡももう少し安くならないかな。」と言われたことが気になっていました。Ａさんは店長のＢさんにその話をしましたが、Ｂさんは「ホームセンターは少ない種類を大量に仕入れることで仕入価格を安くしていますが、ＪＡは組合員の希望に合わせて少量でも仕入れることから仕入価格はそれほど安くありません。今の種類数を維持しながら、これ以上価格を下げるのは難しいです。」と答えるだけでした。

それでも、Ａさんは、何かできないかなと考えているうちに、購買品の品質には自信があるため、品質がよいものを安く買うことができているようにアピールすれば、組合員も値段に納得してくれるのではないか、という思いに至りました。そこで、希望小売価格が10,000円の購買品について、店頭の値札に「市価13,000円」と書いたものを二重線で消し、その下に「セール10,000円」と書きました。このとき、Ａさんは「もともとの値段で売っているだけで、ＪＡが値段を釣り上げて利益を上げたわけではない」「組合員も、品質がよいものを安く買えた！　と思って満足しているはず」「実際の販売価格は変わらないので店長の許可は不要だろう」と思い、Ｂさんにこのことを報告しませんでした。

事例から考えるポイント

- 商品・サービスの取引条件を実際よりも有利であると偽って宣伝したり、競争業者が販売する商品・サービスよりも特に安いわけでもないのに、あたかも著しく安いかのように偽って宣伝したりする行為がコンプライアンス上どのような問題となるか、考えてみましょう
- 店頭やチラシで価格を表示する際に守らならなければいけないルールには、どういったものがあるか、考えてみましょう
- 意図せずにコンプライアンス違反が発生しないようにするために、上司や組織ができる予防策を考えましょう

1 定義と考え方

（1） 定 義

消費者庁の「不当な価格表示についての景品表示法上の考え方」では、不当な価格表示として以下の３つの場合が挙げられています。

①実際の販売価格より著しく安いと誤認されるような表示を行う場合
②販売価格が、過去の販売価格や競争事業者の販売価格等と比較して安いとの印象を与える表示を行っているが、例えば、次のような理由のために実際は安くない場合
・比較に用いた販売価格が実際と異なっているとき
・商品又は役務の内容や適用条件が異なるものの販売価格を比較に用いているとき
③その他、販売価格が安いとの印象を与える表示を行っているが、実際は安くない場合

さらに、二重価格表示は、前記②に該当するものとして、「事業者が自己の販売価格に当該販売価格よりも高い他の価格（以下「比較対照価格」という。）を併記して表示するものであり、その内容が適正な場合には、一般消費者の適正な商品選択と事業者間の価格競争の促進に資する面がある」と捉えている一方で、「販売価格の安さを強調するために用いられた比較対照価格の内容について適正な表示が行われていない場合には、一般消費者に販売価格が安いとの誤認を与え、不当

表示に該当するおそれがある」とされています。

（2）解　説

価格表示は、消費者にとって商品・サービスの選択上最も重要な情報の１つです。したがって、価格表示が適正に行われない場合、故意に偽って表示する場合だけでなく、誤って表示してしまった場合であってもコンプライアンス違反になるおそれがあります。

今回の事例では、希望小売価格ではない価格を値札に記載し、あたかも販売価格が値引きされて安く買えると消費者に誤認されるおそれがあり、不当表示に該当すると考えられます。また、生産資材店舗の職員が価格表示について知っておくべき知識を有しておらず、値札の書き換えも１人の判断でできる状態であり、未然に防止することができませんでした。

二重価格表示について、コンプライアンス違反にならないためには、以下のような内部統制を構築することが考えられます。

①二重価格表示が不当表示に該当することを防止するための内部統制

二重価格表示を行う場合、どのような二重価格表示が不当表示に該当するおそれがあるのか十分に理解しておく必要があります。そのため、景品表示法の内容を解説する研修を開催し、職員を教育することが防止策になります。

【二重価格が不当表示と判断されるケースの例示】

二重価格の種類	不当表示に該当するおそれがある	通常は不当表示に該当するおそれはない
同一ではない商品の価格を比較対照価格に用いて表示を行う場合	銘柄、品質、規格等の違いがある商品を同種の商品であるかのように価格を比較する	事業者が実際に販売している二つの異なる商品の価格を比較する
過去の販売価格を比較対照価格とする二重価格表示	最近相当期間にわたって販売されていた価格とはいえない価格を「当店通常価格」と表示する	最近相当期間にわたって販売されていた価格を「当店通常価格」と表示する
	実際に販売されていた価格よりも高い価格を「当店通常価格」と表示する	生鮮食品の売れ残り品について夕方に行うタイムサービス
	販売実績がほとんどない商品の価格を、「当店通常価格」と表示する	該当なし

希望小売価格を比較対照価格とする二重価格表示	希望小売価格よりも高い価格を希望小売価格と表示する	製造業者等によりあらかじめ、新聞広告、カタログ、商品本体に表示されている価格を表示する
	希望小売価格が設定されていない場合（希望小売価格が撤廃されている場合を含む。）に、任意の価格を希望小売価格として表示する	
競争事業者の販売価格を比較対照価格とする二重価格表示	市価価格よりも高い価格を市場価格として表示する	代替的に購入し得る事業者の最近の販売価格を表示する
	最近の競争事業者の販売価格よりも高い価格を当該競争事業者の販売価格として表示する	

（出典）消費者庁ウェブサイト「不当な価格表示についての景品表示法上の考え方」より

景品表示法に関する知識が十分でない職員が二重価格表示を行う場合、意図せず、不当表示に該当してしまうおそれがあります。そのため、広告等も含め景品表示法に関する知識を有している本店が事前に確認・承認することにより防止します。

二重価格表示が不当表示に該当するリスクをゼロするには、価格表示において二重価格表示はしない、というルールを策定することが一番の根本的な対策です。

②不当表示に該当する二重価格表示を発見するための内部統制

不当表示に該当する二重価格表示を発見した場合の通報窓口を設置し、適時に通報が行われるよう役職員だけでなく、組合員にも周知します。例えば、故意または過失によって不当表示が行われている場合、当該店舗の職員が通報する可能性は低くなります。そのため、店舗の利用者である組合員に対しても通報窓口の存在を周知することで、不当表示に該当する二重価格表示を発見できる可能性が高まります。

まとめ

- **価格表示の際には景品表示法による規制内容を熟知したうえで、コンプライアンス違反にならないように、チラシや値札を作成する**
- **職員が業務を行ううえで必要なコンプライアンス知識をつけられるように、組合として研修などによってその機会を与える場をつくる**
- **二重価格表示について事前承認を求めることや通報窓口を設置する**

28 おとり広告

経済部長を務めるAさんは、最近ファーマーズマーケットの売行きが悪かったため、集客目的のために、ファーマーズマーケットのチラシに、すぐ売り切れてしまう激安商品を大きく掲載しました。

ファーマーズマーケットのチラシを見た組合員Bさんは、激安商品をゲットすべく、開店して間もなく来店しました。しかし、すでに激安商品は売り切れてしまっていました。

Bさんは激安商品を買うことができると期待して早い時間に来店したため、ひどく落ち込むとともに、気持ちが収まらなくなってしまいました。そこで、店員Cさんに対して「もう商品の在庫はないのか？」、「そもそも、どのくらいの在庫があったのか？」、「あんなに大きく掲載するのだったら、もっと商品を仕入れておくべきではなかったか」と大声で苦情を言いました。それを見かねた店長Dさんは、間に入って、丁寧に説明することで何とかBさんに納得していただくことができました。

Dさんは、その日の夕方、店舗で起こった状況をAさんに報告しました。Aさんは、ここで、初めて、激安商品の在庫が少なかったにもかかわらず、集客目的でチラシに掲載したことには問題があったかもしれないと認識するに至りました。

事例から考えるポイント

●集客目的で、商品・サービスが実際には購入できないにもかかわらず、購入できるかのような表示をする行為がコンプライアンス上どのような問題となるか考えてみましょう
●どのような広告がおとり広告として誤解を与える可能性があるのかを考えてみましょう
●おとり広告を防ぐための仕組みについて考えてみましょう

1 定義と考え方

（1）定　義

おとり広告は、「景品表示法」のケースで解説した、景品表示法５条第３号の規定に定められる消費者保護を目的とした規制の１つで、一般消費者に誤認されるおそれがあるものとして「おとり広告に関する表示」（平成５年公正取引委員会告示第17号）において、広告、ビラ等における取引の申出に係る商品又は役務（以下、「広告商品等」という）が実際には申出どおり購入することができないものであるにもかかわらず、一般消費者がこれを購入できると誤認するおそれがある表示と規定しています。

事業者は、広告、ビラ等において広く消費者に対し取引の申出をした広告商品等については、消費者の需要に自らの申出どおり対応することが必要であり、また、何らかの事情により取引に応じることについて制約がある場合には、広告、ビラ等においてその旨を明瞭に表示することが必要です。

おとり広告は、不当に顧客を誘引し、公正な競争を阻害するおそれがある不当な表示であるため、規制されており、消費者庁長官は、景品表示法違反として、おとり広告を行った事業者に対して措置命令などの措置が行われます。また、措置の結果として、事業者に対する世間からの評判が悪くなるおそれがあることも重要なポイントです。

（2）事例に基づくコンプライアンスの観点から予防・発見

今回の事例に基づくと、対象商品の在庫数が少量しかないのにもかかわらず、数量が限定的であることを記載せず広告のなかで大きく広告したことは、Bさんやほかの顧客に対してあたかも対象商品の在庫が十分に確保されている、と受け取られる結果となっており、平成5年公正取引委員会告示第17号の定めるところの「取引の申出に係る商品又は役務の供給量が著しく限定されているにもかかわらず、その限定の内容が明瞭に記載されていない場合のその商品又は役務についての表示」に該当するおとり広告となります。おとり広告を行ってしまった原因は、広告を掲載したAさんの景品表示法の認識が不足していたことと、組織としての広告掲載のチェックが不十分であったことの2つの原因が考えられます。

まず、1つ目の認識が不足していたことについては、教育研修によって景品表示法に関する知識を周知するために内部研修または外部研修を定期的に受講し、どの内容が根拠のない広告に該当するのか、具体的にその範囲を理解することが対象となります。

【おとり広告の具体例】

おとり広告の種類	不当表示に該当するおそれがある例
取引を行うための準備がなされていない場合	当該店舗において通常は店頭展示販売されている商品について、広告商品が店頭に陳列されていない場合
	広告、ビラ等に販売数量が表示されている場合であって、その全部又は一部について取引に応じることができない場合
	広告、ビラ等に販売数量が表示されている場合であって、その全部又は一部について取引に応じることができない場合
	広告、ビラ等において写真等により表示した品揃えの全部又は一部について取引に応じることができない場合
	単一の事業者が同一の広告、ビラ等においてその事業者の複数の店舗で販売する旨を申し出る場合であって、当該広告、ビラ等に掲載された店舗の一部に広告商品等を取り扱わない店舗がある場合
広告商品等の供給量が「著しく限定されている」場合	広告商品等の販売数量が予想購買数量の半数にも満たない場合
	商品又は役務の供給量が限定されていることにより、当該商品又は役務が著しく優良である、又はその取引条件が著しく有利であることを強調する表示を行っているにもかかわらず、実際には限定量を超えて取引に応じる場合

限定の内容が「明瞭に記載されていない」場合	販売数量が著しく限定されている場合には、実際の販売数量が当該広告、ビラ等に商品名等を特定した上で明瞭に記載されていない場合
	供給期間、供給の相手方又は顧客一人当たりの供給量の限定については、実際の販売日、販売時間等の販売期間、販売の相手方又は顧客一人当たりの販売数量が当該広告、ビラ等に明瞭に記載されていない場合
広告商品等の「取引の成立を妨げる行為が行われる」場合	広告商品を顧客に対して見せない、又は広告、ビラ等に表示した役務の内容を顧客に説明することを拒む場合
	広告商品等に関する難点をことさら指摘する場合
	広告商品等の取引を事実上拒否する場合
	広告商品等の購入を希望する顧客に対し当該商品等に替えて他の商品等の購入を推奨する場合において、顧客が推奨された他の商品等を購入する意思がないと表明したにもかかわらず、重ねて推奨する場合
	広告商品等の取引に応じたことにより販売員等が不利益な取扱いを受けることとされている事情の下において他の商品を推奨する場合

（出典）消費者庁ウェブサイト「おとり広告に関する表示」に関する運用基準より

次に前記２つ目の組織としてのチェックが不十分であったことについては、おとり広告の可能性のある表現をチェックする仕組みを整備することによって、おとり広告が外部に出る前に発見することが対策となります。具体的には、以下の３つが考えられます。

①自部門における不当表示となるような広告・宣伝がないことを事前にチェックができるような広告作成時の事前点検チェックリスト、ならびに事後的に自己点検の実施によるチェックができるような自己点検チェックリストを作成する。

②広告の統括は本店（広告を扱う部署）が一括して行い、不当表示となるような広告・宣伝がないことを事前に確かめるような内部チェック機能を構築する。

③本支店等の組合員への対応部門、ＪＡバンク相談部門、コンプライアンス統括部門、等の関連部門が連携して対応することができる外部の通報窓口を整備する（例：広告に「お問い合わせ窓口」の連絡先として記載）。

まとめ

- 広告に携わる職員等が、不当に顧客を誘引し、公正な競争を阻害することを回避するために、景品表示法のおとり広告の知識について習得する
- 事前のチェック体制が重要であり、担当部門のみのチェックでは完結せず、本店での広告部門でもチェックできるような内部統制を整備する
- 事後的な自己点検や内部監査等を通してモニタリングすること、外部のお問い合わせ窓口を当該広告に掲載するなどして周知をすることによって、おとり広告が発見可能な仕組みを構築する

29 拘束条件付取引

甲ＪＡは、以前より継続的に農業用生産資材の大部分を、取引先卸売業者Ｘ社から受け入れていました。Ｘ社にとっても、甲ＪＡは大口の取引先です。

最近、Ｘ社は、組合員から要望があったため、農業用生産資材の一部を甲ＪＡの供給価格より廉価で、直接組合員に供給しはじめました。

そのことを知った甲ＪＡは、自らの供給額と利益を確保することを目的に、Ｘ社に、農業用資材の取引に関して以下の条件を付した商品売買基本契約書の締結を打診しました。

- 取引先卸売業者は、原則甲ＪＡを通さずに農業用生産資材を組合員に販売しないこと
- 組合員に農業用資材を直接販売する場合には、当該直接販売時の供給価格は、甲ＪＡの供給価格を下回らないこと

Ｘ社は甲ＪＡとの取引がなくなることをおそれ、上記商品売買基本契約書を締結せざるを得ませんでした。

事例から考えるポイント

●拘束条件付取引とは何でしょうか、なぜ独占禁止法の規制対象となるのでしょうか
●ＪＡが取引先卸売業者との取引や取引条件に関して、相手先が不利になるような不当な拘束条件を付けて、取引先卸売業者と取引をすることはコンプライアンス上、どのような問題があるのでしょうか

1 定義と考え方

（1）拘束条件付取引の定義

独占禁止法は、公正かつ自由な競争を促進することを目的としています（独占禁止法１条)。また、この目的を達成するために、事業者や事業者団体が競争制限的又は競争阻害的な一定の行為を行うことを禁止しています。さらに、この規制の対象となる「事業者」の範囲について、「商業、工業、金融業その他の事業を行う者」と定義しており（独占禁止法２条１項)、事業の種類や営利性の有無、法人か個人かは問いません。

したがって、農業資機材の製造販売や、卸小売のみならず、農畜産物の生産や販売を行っている個人農業者や農地所有適格法人も事業者に該当します。また、ＪＡは、事業者である組合員の結合体であるという点では事業者団体に該当するのと同時に、自ら購買事業、販売事業、利用事業、信用事業等の事業活動を行っていることから「事業者」に該当することとなります。農業協同組合連合会についても同様です。

拘束条件付取引とは、自己が供給する商品のみを取り扱い、競合関係にある商品を取り扱わないことを条件として取引を行うことなどにより、不当に競争相手の取引の機会や流通経路を奪ったり新規参入を妨げたりするおそれのある行為を意味します。拘束条件は、販売地域の制限としてのテリトリー制、販売先の制限としての一店一帳合制、販売方法の制限等が典型的です。拘束条件付取引は、契約自由の原則により行われることがあり、独占禁止法上、公正競争を阻害するお

それがあるものとして「不当性」が認められる場合に、不公正な取引方法と認められます。そして、この公正競争阻害性を判断するには、拘束の形態やその程度のみならず事業者の市場における地位等を考慮し、具体的な行為態様に応じた具体的要因を検討するものとされています。

今回の事例では、甲ＪＡは買い手の強い立場がありながらＸ社の販売先を実質的に甲ＪＡに拘束する形で契約を締結しており、「不当性」の高い拘束条件付取引に該当する可能性が高いと考えられます。

【拘束条件付取引等として独占禁止法上の問題となるおそれがある例】

制限や条件の種類	購買事業	販売事業
競争事業者との取引制限	単位農協が，その管内に他の競争事業者がいない種子を単位農協から購入しようとしている組合員に対し，単位農協から肥料を併せて購入しない場合には，当該組合員にその種子を販売しないこと	単位農協が部会に対し，同部会の会員が生産物を全量出荷しなければ，部会から除名するよう求め，単位農協に全量出荷させること
共同施設の利用	単位農協が自ら事業主体として行っているビニールハウスのリース事業について，組合員がリース事業を利用するに当たっては，使用する肥料，農薬その他の生産資材を単位農協から購入することを義務付けること	単位農協が自ら事業主体として行っているビニールハウスのリース事業について，組合員がリース事業を利用するに当たっては，農産物を単位農協へ出荷することを義務付けること
	単位農協が，米の生産及び出荷に係る共同利用施設である育苗センター，ライスセンター及びカントリーエレベーターの３施設について，組合員が当該単位農協から生産資材を購入しない場合には各施設の利用を断ることがある旨を３施設それぞれの利用案内文書に記載して，組合員に対して周知することにより，当該組合員に単位農協から生産資材を購入させること	単位農協が組合員に対して，単位農協を通じて米を出荷しない場合には育苗センター，ライスセンター及びカントリーエレベーターの３施設の利用を断ることがある旨を各施設の利用案内文書に記載して，組合員に対して周知することにより，当該組合員に単位農協を通じて米を出荷させること
信用事業の利用	組合員が生産資材等を購入するための短期貸付金について，当該単位農協から飼料等の生産資材を購入する場合に限り，当該組合員に当該短期貸付金の融資を行うこと	単位農協が，組合員への融資に当たり，組合員が農畜産物を単位農協系の加工業者のみに供給することを条件とすること
	単位農協が組合員に対し，①自己から農業機械を購入することを条件に融資	単位農協が，単位農協系の加工業者と競合する事業者と取引している組合員

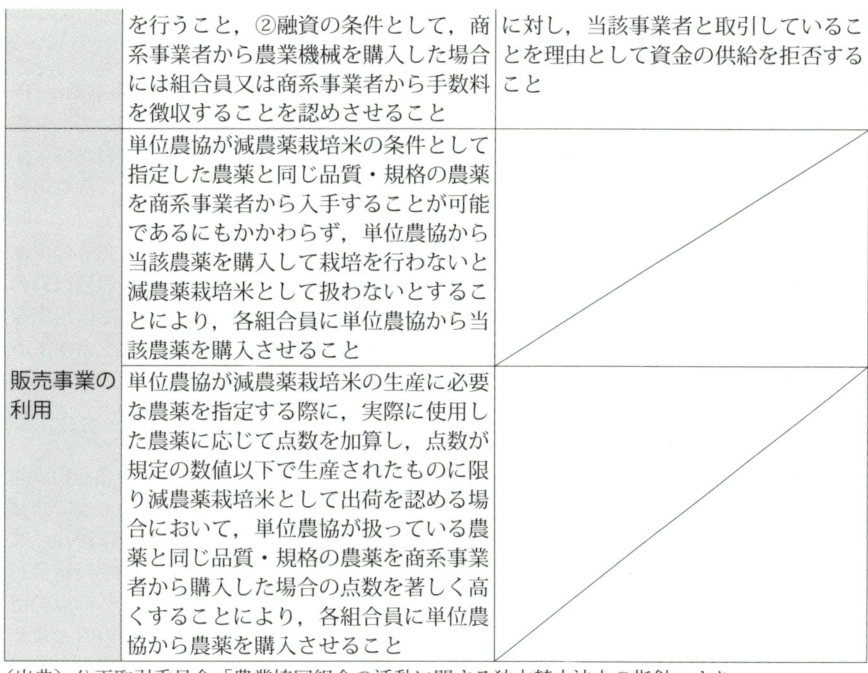

	を行うこと，②融資の条件として，商系事業者から農業機械を購入した場合には組合員又は商系事業者から手数料を徴収することを認めさせること	に対し，当該事業者と取引していることを理由として資金の供給を拒否すること
販売事業の利用	単位農協が減農薬栽培米の条件として指定した農薬と同じ品質・規格の農薬を商系事業者から入手することが可能であるにもかかわらず，単位農協から当該農薬を購入して栽培を行わないと減農薬栽培米として扱わないとすることにより，各組合員に単位農協から当該農薬を購入させること	
	単位農協が減農薬栽培米の生産に必要な農薬を指定する際に，実際に使用した農薬に応じて点数を加算し，点数が規定の数値以下で生産されたものに限り減農薬栽培米として出荷を認める場合において，単位農協が扱っている農薬と同じ品質・規格の農薬を商系事業者から購入した場合の点数を著しく高くすることにより，各組合員に単位農協から農薬を購入させること	

（出典）公正取引委員会「農業協同組合の活動に関する独占禁止法上の指針」より

（2）独占禁止法違反となる拘束条件付取引の発生を防止・発見するための取組み

当事案のような独占禁止法違反の可能性の高い取引が発生する要因は、どのような取引が拘束条件付取引と認定されるのかに関して、契約内容を作成する担当者およびその契約内容を承認する責任者の認識が不十分であったことが考えられます。

このような取引の発生を防止および発見するためには、以下のような取組みを行うことが考えられます。

①どのような取引が拘束条件付取引に認定されるのかに関して、独占禁止法に関する内部研修を実施する

研修実施に際しては、ＪＡで起こった過去の事例、公正取引委員会公表の「農業協同組合の活動に関する独占禁止法上の指針」等、過去の公表された具体的な事例を利用して、受講者への理解の定着をはかることが考えられます。

【公正取引委員会が公表した過去の事例】

該当取引事例	事例の内容
A農業協同組合に対する件(平成18年7月)	(1)　組合員が生産資材等を購入するための「畜産事業勘定（肉牛）」及び「営農貸付金」と称する短期貸付金について，A農業協同組合（以下「A農協」という。）から生産資材を購入する場合に限り，組合員に当該短期貸付金の融資を行うものとすること
	(2)　肉用牛生産業を営む組合員に対する土地，牛舎等の生産設備の賃貸借等の契約において，当該組合員がA農協以外の者から生産資材を購入し，A農協以外の者を通じて肉用牛を販売した場合には，無条件で当該賃貸借等の契約を解除することができるものとすることとしており，組合員の事業活動を不当に拘束する条件を付けて，当該組合員と取引している疑い
B農業協同組合に対する件(平成21年12月)	(1) 双方出荷登録者に対し，他の事業者が運営する農産物直売所（以下X直売所）に直売用農産物を出荷しないようにさせること及び (2) その手段として，双方出荷登録者に対し，X直売所に直売用農産物を出荷した場合にはB農業協同組合が運営すると称する農産物直売所（以下B直売所）への直売用農産物の出荷を取りやめるよう申し入れることを内容とする基本方針に基づき双方出荷登録者に対してX直売所に直売用農産物を出荷した場合にはB直売所への直売用農産物の出荷を取りやめるよう申し入れるとともに，B直売所の出荷登録者に対して当該基本方針を周知すること等により，B直売所の出荷登録者に対し，X直売所に直売用農産物を出荷しないようにさせていた

（出典）公正取引委員会の報道発表資料を一部加工

②原則として、条件付きの取引はなるべく実施しないこと

ＪＡ職員に、条件を付けた取引は例外的なものであることを意識させることにより、拘束条件付取引のそもそもの発生を防止することが可能となります。

③条件付き取引を実施する場合は、担当部署の承認のみではなく、本店（本所）の部門長、法務部門の承認を必要とする

ＪＡ内の経験および法的な知識が豊富な部門等の承認を必須とすることにより、独占禁止法違反となるような拘束条件付取引の発生を防止することが可能となります。

④年に数回、各取引先との取引条件の見直しを行い、相手先に不当な条件が付与

されている取引がないかどうかを確かめる

年に数回、各取引先との取引条件の見直しを行い、相手先に不当な条件が付与されている取引がないかどうかを確かめることで、事後的ですが、独占禁止法違反となるような拘束条件付取引を発見することができ、早期に対応策を講じることが可能となります。

⑤独占禁止法上の問題となるおそれがある拘束条件付取引を発見した場合の通報窓口を設置するとともに、適時に通報が行われるよう役職員だけでなく、組合員にも周知する

故意または過失によっておとり拘束条件取引が行われている場合、当該店舗の職員が通報する可能性は低くなります。そのため、店舗の利用者である組合員に対しても通報窓口の存在を周知することで、独占禁止法上の問題となるおそれがある拘束条件付取引を発見し、是正します。

まとめ

- 独占禁止法上の問題となるおそれがある拘束条件付取引に関する研修等を実施し、役職員に周知する
- 条件付取引は原則として実施しないこととし、やむを得ず実施する場合には、本店の法務部等の承認を得て取引を行う内部管理態勢とする
- 独占禁止法上の問題となる拘束条件付取引を発見した場合の通報窓口を設置し、役職員だけでなく組合員にも周知する

30 ノベルティの転売

信用事業の窓口担当者Ａさんは、今年の貯金の加入キャンペーンの目標を達成し一息ついています。

Ａさんは、キャンペーン終了後、使用したノベルティグッズの整理を行う担当です。ノベルティグッズは今後、別のキャンペーンでも活用されるため、段ボールに詰めて倉庫に保管することとなっています。Ａさんは、キャビネットを開き、多くのノベルティグッズが残っている状況を見つけました。歴代のノベルティグッズは、当初は話題になったものの、その後、次第に忘れられ在庫として長い期間残ることが度々ありました。キャビネットのものも今後、しばらく在庫として残った後、処分されていくのだろうと考えました。

キャンペーンでは、ノベルティグッズの配布は加入していただいた方に１人ひとつずつと決まっており、当然、職員による持ち出しも禁止でした。しかし、Ａさんは、小遣いほしさから、後ろめたい気持ちもありましたが、いずれ処分されるものを有効活用するのだと自分に言い聞かせ、持ち出してインターネットオークションにかけてしまいました。

後日、インターネットを見てノベルティグッズが大量に販売されていることを知った組合員からの通報があり、調査の結果、ＡさんがＪＡから無断で持ち出した事実が発覚しました。

事例から考えるポイント

●ノベルティグッズを無断で持ち出し、インターネット上で販売することについてコンプライアンス上の問題となる可能性を考えてみましょう
●キャンペーン実施のために作製したノベルティグッズを本来の目的以外で持ち出すことの問題点について考えてみましょう
●広く一般に利用されているインターネット上でノベルティグッズを販売することの問題点について考えてみましょう

1 定義と考え方

ノベルティグッズは、推進のために行われるキャンペーン等で特典として無償で提供される品物です。通常、数に余裕をもって用意されるため、キャンペーン終了後に一定数が在庫として残ることとなりますが、その後の別のキャンペーン等で再度活用されることもあります。ＪＡとして今後活用をしないとの判断をされた段階で、廃棄等の処分がされることになります。

ノベルティグッズはＪＡが予算を投じて作製・購入するものであり、当然にＪＡの財産です。そのため、将来的に廃棄処分される可能性が高かった場合でも、職員が独自の判断で持ち出すことは認められませんし、その行為は窃盗にあたる可能性もあります。

また、無断で持ち出したノベルティグッズを転売することも同様に認められませんし、仮に無断で持ち出したものでなくとも、キャンペーンではノベルティグッズを目当てに契約した利用者がいた場合、将来のキャンペーンにおけるノベルティの効果に悪影響を与える可能性があると考えられます。このため、職員が誰でも利用可能なインターネットオークションを含む転売行為を行うことについては、慎重であるべきと考えられます。

2 予防・発見のための対策

（1）コンプライアンス意識向上のための基礎教育を行う

Ａさんは、「自身のお小遣いを得たい」という気持ち（動機）があり、「キャンペーングッズが入手できずに困っている人を助けたい」と自己を納得（正当化）させ、グッズの持ち出しに至っています。

動機や正当化は本人の心の問題であるため直接的に抑制することは困難ですが、役員を筆頭に、コンプライアンス所管部署、支店長等が、ＪＡ職員としての倫理観をもって行動する重要性を職員に対して繰り返し研修等で周知し、倫理的な行動を促すことで、間接的に望ましくない行為の抑制につながると考えられます。

（2）在庫管理を行う

ノベルティグッズは、個々の単価が少額であることから、作製・購入時に一括して経費計上して日々の持ち出しや定期的な確認等の管理を行わない、あるいは決算時に残数量のみ数え、当該残数量分の作製・購入金額についてのみ在庫（貯蔵品）計上する、という管理方法を採用している場合があります。

この方法によっていると、職員が無断で持ち出すことが可能な状況を生み、仮に持ち出しが行われたとしてもその事実を把握することができません。

そこで、以下の対応を組み合わせて管理することが考えられます。

- 鍵のかかる場所での保管や、受払の担当者を設けることで、多くの職員がノベルティグッズを無断で持ち出せる環境を排除する。
- 管理簿を用いて受払記録を付け、管理者が定期的に管理簿の払出し記録の閲覧や残数量の実査をすることにより異常性の有無を検証する。
- 管理簿は用いなくとも、定期的にキャンペーン対象契約の成約数と、ノベルティグッズの残数量の差引き計算による理論的な払出し数量を比較し、異常性の有無を検証する。

（3）通報制度を活用する

本支店等の組合員への対応部門、ＪＡバンク相談部門、コンプライアンス統括部門、等の関連部門が連携して対応することができる通報窓口の設置態勢を整備します。

ただし、ノベルティグッズがネットオークションにかけられていること自体は問題ではないため、本事例のように、職員による持ち出し等のコンプライアンス上の問題が潜んでいる可能性がある場合に広く通報窓口を活用してもらえるよう、組合員を含む利用者に対して周知する活動を行うことも重要です。

（4）ノベルティグッズそのものの扱いを限定的とする

ノベルティグッズは推進に資するものですが、一方でその管理を怠ると、本事例のようなことが起き、結果としてＪＡの信頼を失墜させるリスクが潜んでいることを十分に理解する必要があります。

そのリスクも踏まえて費用対効果を考えたときに、従来どおりノベルティグッズを扱うべきかどうか、再検討することも重要です。

場合によっては、ノベルティグッズを取り扱う頻度や量を限定的にすることで、リスクを抑えることも選択肢となりえます。

まとめ

- ノベルティの転売行為が与える法的問題とコンプライアンス上の問題の2点について理解する
- ノベルティグッズは当然にJAの資産であり、事前対策として在庫管理を徹底して行う
- 本店での対策としてコンプライアンス研修を広く実施することはもとより、事後的な発見が可能となる窓口の設置についても進める

31 タイムカードの改ざん

Aさんがパート職員として勤務するファーマーズマーケットでは、お店の閉まる17時にタイムカードに退勤の打刻をし、その後、日締め作業を行うこととなっています。店長は、日締め作業は通常30分もかからないため、17時までの勤務として記録することに問題はないと各パート職員へ説明しています。

Aさんは少し疑問を抱きながらも、そういうものだと気にも留めずにいました。しかし、あるとき、Aさんは友人がパートで働いている近所のスーパーマーケットの話を聞きました。そこでは、すべての業務を終えてからタイムカードが打刻され、記録された時刻に基づき給与が計算されているようです。

インターネットで調べてみると、タイムカードに記録された時間がそのまま給与計算の対象となるかどうかは別として、少なくとも日々発生する業務である日締め処理があるにもかかわらず、閉店時刻までの給与しか払われないことは一般的ではないようです。

Aさんは店長にタイムカードの打刻ルールに問題がないかと問いかけましたが、以前からの習慣であると突き放されてしまいます。

そこで意を決して本店担当者の店舗巡回時に相談をしてみると、問題となり、その後、コンプライアンス統括部門に連携が図られ、コンプライアンス事案として調査が入ることとなりました。

事例から考えるポイント

- 日締め業務が残っているにもかかわらず、職員にタイムカードに退勤の打刻をさせ、そのタイムカードに記録された時間に基づき給与が計算され支給されることについてコンプライアンス上の問題となる可能性を考えてみましょう
- タイムカードがお店の閉まる17時に一斉に退勤の打刻がなされている状態は一定期間、継続していたようですが、この状態に組織として早い段階で気付くことはできなかったのでしょうか

1 定義と考え方

タイムカードは、労働者の勤務管理のため、タイムレコーダーとよばれる時刻を計測する機器により出勤・退勤の記録をする際に用いられる、紙製のカードです。

タイムカードを用いている場合、打刻された出・退勤の時刻をもとに勤務時間が把握され給与計算の基礎となることが一般的です。

勤務管理において、タイムカードを用いると、通常、自己申告に基づくものよりも客観的な勤務実態を把握することができます。

しかし、労働者が終業後すぐに打刻すべきところ所用を済ませた後に打刻をする、始業時刻に間に合わない場合に他の労働者に代わりに打刻をさせる、といった本来予定されていない使い方をされる可能性があります。また、使用者の指示によりタイムカードの打刻時間外でサービス残業が行われる可能性もあります。

これらはいずれもタイムカードの改ざんにあたり、この改ざんを行った者は、使用者であれ労働者であれ、労働基準法や刑法に従い、違法行為として懲役や罰金に処される可能性があります。

また、賃金の支払いに係る労使間のトラブルを引き起こし、場合によっては、訴訟にまで発展する可能性もあります。

組織としてタイムカードの管理をすることが重要であることの認識をもち、職場内で違法行為を起こさせないための対応を取ることが求められます。

2 予防・発見のための対策

（1）コンプライアンス意識向上のための基礎教育と労働時間の適正な把握

タイムカードの改ざんは、労働者側にとってみればより多くの賃金を得たい、使用者側にとってみればより賃金負担を抑えたい、との動機で行われます。

本件は、店の採算について責任を負う店長が、少しでも給与負担を減らし店の採算改善につなげたいとの動機のもと、過去から習慣となっていたことを自己の納得（正当化）材料とし、パート職員に対し、終業前のタイムカードに退勤の打刻を強要するに至っています。

動機や正当化は本人の心の問題であるため直接的に抑制することは困難ですが、役員を筆頭に、人事管理部門、コンプライアンス統括部門等が、職員として倫理観をもって行動する重要性を繰り返し研修等で周知し、職員の倫理的な行動を促すことで、間接的に望ましくない行為の抑制につながると考えられます。

また、使用者は、労働時間を適正に把握するために、以下の措置を講ずべき必要があります。

①労働者への適切な打刻の意義を伝えるための教育研修等を実施しましょう。
②定期的に適切な打刻ができているかを確かめるために、タイムカードを通すタイムレコーダーを使用者の目につく場所に設置しましょう。
③労働者毎に、労働日数・労働時間数・休日労働時間数・時間外労働時間数・深夜労働時間数といった事項を賃金台帳に記載し作成しましょう。
④労働者名簿や賃金台帳のみならず、出勤簿やタイムカード等の労働時間の記録に関する書類を保存しましょう。
⑤事業場において労務管理を行う部署の責任者は、当該事業内における労働時間の適正な把握等労働時間管理の適正化に関する事項を管理し、労働時間管理上の問題点の把握およびその解消を図りましょう。
⑥労働時間等設定改善委員会等の労使協議組織を活用しましょう。
（引用）厚生労働省ウェブサイト「労働時間の適正な把握のために使用者が講ずべき措置に関するガイドライン」

（2）本店がタイムカードのモニタリングを行う

ファーマーズマーケット等の現場においては、パートを含めた職員の数は限られています。周囲の目にさらされていないなかでは、意思をもって行われるタイムカードの改ざんを防ぐことは困難といえます。

そこで、タイムカードの管理について、現場に任せきりにせず、本店が以下のように関わることが考えられます。

- 本店の人事管理部門が、集められるタイムカードについて、給与計算の集計のためだけに使用するのでなく、現場の繁忙度合い等の実感値と比較して異常な打刻が続いていないか、毎日あまりに決まった時間に打刻が続いていないか、といった目線で確認するようにする。確認の結果、気づいた点があれば、確認したい内容に応じて、現場の長ないし当該者に問い合わせをする。
- 本店の人事管理部門が現場を訪問する際に、タイムカードを打刻している状況を実際に視察する、職員に声をかけ勤務状況を聴取するといったことを行い、報告を受けるのみでなく、直接現場の実態を把握する機会を作る。
- 本店の人事管理部門が上記のようなモニタリングを確実に行うことを担保すべく、コンプライアンス統括部門がルール化のうえ、取組み状況を確認するために人事管理部門ないし現場を点検することとする。

（3）通報制度を活用する

人事管理部門、コンプライアンス統括部門等の関連部門が連携して対応することができる通報態勢を整備します。

（4）タイムカードのみに依存しない勤務管理を行う

タイムカードの改ざんについては、極端に行われていなければ本店のモニタリングで発見することは困難ですし、最終的には改ざんの事実が当事者によって語られなければなかなか明るみに出ることはありません。

そこで、入退室のＩＤカード等を用いている場合、入退室の情報を用いた勤務管理とする方法が考えられます。

まとめ

- **使用者は労働者に適切な打刻の意義を伝えるために、教育研修を実施する**
- **労働時間の適正な把握のために、賃金台帳や労働時間の記録に関する書類の保存をする**
- **労働者がタイムカードに正しく労働時間を打刻したうえで、使用者や本店による労働者のタイムカードのモニタリングを行う**

32 ポイントカードの不正

Ｙ直売所では、販売促進のためにポイントカードを導入しています。１ポイントは１円として次回以降の買い物で利用することができます。利用者は年々増えており、リピーターも増え、Ｙ直売所の売上も好調に推移しています。

そんななか、ポイントカードを利用した不正が発覚しました。

Ｙ直売所の販売担当の職員Ａさんは、ポイントカードを作っていない利用者への販売時に自身のポイントカードをレジに読み込ませ、発生したポイントを自身のポイントカードへ加算していました。

利用者から、ポイントカードを提示していないにもかかわらず、ポイント付与情報がレシートに記載されている旨の話が度々あったことを、Ｙ直売所の同僚である職員Ｂさんが疑問に思ってＹ直売所所長に相談したことから問題が発覚しました。

職員Ａさんはこの手口で5,000円分のポイントを３ヶ月で不正に取得し、そのポイントを自身の買い物に利用していました。ポイントカードを提示していないにもかかわらず、ポイント付与情報がレシートに記載されている件について利用者から質問があった際には、レジの調子がおかしく、エラーで表示されると嘘の説明をしていたようです。Ａさんは不正発覚後、ＪＡを退職しました。

事例から考えるポイント

●直売所の利用者に付与しなかったポイントを職員のポイントカードに付与することがコンプライアンス上なぜ問題となるかについて考えてみましょう
●本事例の不正の発生を未然に防止することはできなかったか、不正を「予防」するためには、どのような取組みがあるか考えてみましょう
●本事例の不正は、不審に思った職員Bさんの行動で発見することができましたが、Bさんの行動がなければ、職員Aさんはもっと多くのポイントを得ていたかもしれません。そこで、不正を「発見」するために、どのような取組みがあるかを考えてみましょう

1 定義と考え方

（1）ポイントカードの不正の理解

ポイントには２種類あり、１つは電子マネーなどのような前払い式で顧客が支払った対価として発行されるポイントについては、事業者が消費者から金銭的な対価として受領しているため、「資金決済法」が適用されます。もう１つは、顧客が商品を購入した時などにサービスとして付与されるポイントです。このようなサービスとして事業者からの景品やおまけとして付与されるポイントは、「資金決済法」の管轄ではなく「景品表示法」の「景品類」に該当し、同法ならびに「消費者契約法」の対象となると考えられます。当該事例のポイントについても購入額ごとにポイントを付与していることから後者に該当することになると考えられます。

ポイントカードに対するポイントの付与は商品の購入者に対して行うものであり、購入者でない職員のポイントカードへの付与は、職員が不当な利得を得ることになります。今回の事例では、商品の購入者ではないＡさんのポイントカードにポイントを付与しており、Ａさんは不当な利得を得ていることになります。

また、レジの操作にあたってＪＡが定めたルール以外の操作を行うことが、不正な操作となる可能性があります。今回の事例のＹ直売所では、レジ担当者向け

のレジ対応マニュアルが作成されているかが重要です。例えばマニュアルで利用者のポイントカードをレジで読み込んでポイントを付与する手続きについて明確に定められている場合には、これに反する操作はマニュアル違反行為となり、所内手続の違反としてもコンプライアンス上の問題があると考えられます。

（2）ポイントカードに関する不正の予防方法

不正を「予防」するという観点からは、以下のような研修やルール決めを行うことが考えられます。

Aさんへのヒアリングによれば、1回の買い物で付与されるポイントは少ないため、利用者のポイントを自分のカードに付与することが、そこまで悪いことだとは思っていなかったとのことでした。しかし、Aさんが行った不正により、Y直売所の利益が5,000円損なわれており、このような不正が行われることは許されるものではありません。利用者のポイントを職員のカードに付与することは不正にあたることを研修等で十分に周知されていたら、「このくらいよいだろう」という職員の考えは防止できていたかもしれません。

小売業においては、レジに私物を持っていかないというルールを定めているところもありますが、Y直売所においても、私物をレジに持ち込まないといったルールを事前に整備、周知しておくことが重要だったと考えられます。不正を物理的に防止するためには、職員は、直売所での業務にあたって職員自身のポイントカードなどの私物をロッカーに置いて業務を行うこととするルールを定め、それを徹底させることにより防止できます。また、上席者が定期的にレジ担当者の業務状況を点検することが考えられます。

不正を「発見」するという観点からは、以下のような手続きや態勢を整備することが考えられます。

不正防止の観点からポイント付与履歴および使用履歴をシステムで管理することとします。そのうえで、職員へのポイント付与履歴および使用履歴を定期的に確認し、一般的な付与頻度や付与額を超えている場合、使用額が多額である場合等、異常な事象が発見された場合には内容を精査することが考えられます。

このように、職員が保有するポイントカードのポイント付与履歴および使用履歴の調査を定期的に行うことにより、不正の発生を抑止する効果があります。

次に、今回の事例では、直売所利用者から、ポイントカードを提示していないにもかかわらず、ポイント付与情報がレシートに記載されている旨の話が度々あがっていたことが発見のきっかけとなっています。このような利用者の声を適時に吸い上げる仕組みづくりが求められます。例えば、直売店利用者が意見を容易に言えるよう「意見箱」を設けることが考えられます。また、本支店等の組合員への対応部門や、コンプライアンス統括部門などの関連部門が連携し、外部・内部からの通報態勢を整備することが考えられます。

【ポイントカードの不正を防止するための対策】

予防的な対策	発見的な対策
・コンプライアンス研修を実施し違反行為の重大性を周知する 刑事罰に問われる可能性のある重大な違反行為であることを周知する・レジ操作マニュアルを整備し、不正操作を明確に禁止する ・私物をレジの近くに持ち込まないこととする ・違反行為を抑制するために定期的にレジ業務を点検する ・レジ業務を行う以外の従業員若しくは店長、本店担当者などによる業務点検を実施する	・従業員のポイント付与履歴、使用履歴を定期的に調査する ・ポイント履歴の管理システムを導入する 例）ポイント付与者とポイントカードの所有者が同一の場合、警告する ・通報窓口を設置し報告態勢を整備する 関連部署の協力に加え、外部からも通報がしやすいような「目安箱」の設置などを行う

まとめ

- ●不正に関する研修を実施し、組合内のルールによって不正操作を明確に禁止する
- ●職員が保有するポイントカードへのポイント付与履歴および使用履歴の調査を定期的に行う
- ●役職員だけでなく組合員や利用者からも意見を適時吸い上げることができるような通報態勢を整備する

33 保守部材の流用

X経済センターでは、農機具の販売と修理を行っています。ある日、修理サービス担当のBさんが修理サービスの代金を着服しているとの匿名の電話がA所長宛にありました。A所長はBさんが提出した領収書の控えに記載されている金額と回収した修理供給代金が一致していることを確認していたので「そんなはずはない」と思いつつ調査をしました。その結果、Bさんは修理サービス用の交換部品を無断で持ち出して交換修理した際に受領した代金を「供給した」との報告をせずに着服していたことが判明しました。

修理サービスの担当者は、長い間Bさんだけが担当しており、部品の発注や払出、在庫管理、集金まで、すべての業務を1人で担当していました。このため、修理代金を利用者から現金で受け取るとしていたことが、代金の着服を容易にしていました。また、不正が発覚しないように部品の使用を記録せず、実地棚卸の結果生じた差を廃棄したとして処理し不正を隠ぺいしていました。

A所長は、幅広く地道に修理業務を担当してくれるまじめな人だとしてBさんを高く評価していたので、Bさんが不正を行っていたことに驚いています。

事例から考えるポイント

●実地棚卸で発生した差が発生した場合、どのような不正が行われる可能性があるでしょうか
●多くの業務を１人に任せることの是非について考えてみましょう
●会計数値などの動きに注目しどのように不正発見につながるのでしょうか

1 定義と考え方

今回のケースでＡ所長は、Ｂさんが提出した領収書の控えに記載されている金額と回収した修理供給代金が一致していることを確認していました。しかし、Ｂさんは修理供給を計上せずに受領した代金を着服していたため、領収書と修理供給代金の照合だけでは、Ｂさんは実地棚卸結果と帳簿残高の差を廃棄したとして、不正を隠ぺいしていました。

2 実地棚卸結果と帳簿上の残高の差異

実地棚卸結果からどのようにして不正を発見または防止できるのか、考えてみましょう。実地棚卸を行った結果、実地棚卸結果と帳簿残高との間に差が生じることがあります。この差はあるべき在庫と実際の在庫の差です。なぜそのような差が生じたのか、その原因を分類して整理することが重要です。

差が発生することには多くの原因が考えられますが、大きく次の３つに分類することができます。それは、①作業ミス、②外部者による不正、③内部者による不正、です。差がどのような理由によるものかを明らかにするためには、これらを分類することが有効です。

（1）作業ミス

作業ミスは、検品の誤り、実地棚卸時のカウントの誤り、伝票未記入の商品払出・返品・廃棄等によって発生します。作業ミスは、ゼロにはできませんが、意図的ではないため多くの場合、少量・少額の範囲内となります。過去に発生した

【バックヤードや倉庫における棚卸差異の発生要因】

	分　類	内　容
(1)	作業ミス	・検品誤り（数量や品目） ・実地棚卸カウントの誤り ・伝票未記入による移動 ・廃棄・返品・振替等の処理誤り
(2)	外部者による不正	・外部からの侵入による窃盗
(3)	内部者による不正	・棚卸資産の持ち出し・消費 ・取引業者との共謀による検収のごまかし

（引用）「JA金融法務」2018年1月号「討議式コンプライアンス」

差との比較、他の事業拠点で発生した差との比較、当期の在庫残高・入出庫状況などを考慮して合理的と判断できる範囲内であることを確認することが必要です。

（２）外部者による不正

外部者による窃盗などについて小売店舗などでは、事例のような修理サービスに使用する部品については、一般的にバックヤードまたは倉庫で管理されていることから、保管しているエリアを施錠して立入りを入出庫担当者に限定することなどにより、外部者が侵入できないようにし、窃盗による差が発生する可能性を小さくすることが重要といえます。

（３）内部者による不正

前述の（１）作業ミスの影響（２）外部者による窃盗の可能性、を考慮しても説明できない差が発生している場合、内部者による不正の可能性が考えられます。内部者による不正は、商品の持出し・消費、取引業者との共謀による検品のごまかしなどが考えられます。

このような場合、定期的に実地棚卸を行って、帳簿在庫との差について、各商品別に分類 して差異原因の調査を行うことによって不正が発生した場合には適時に発見することが可能となり、また、当該内容を内部者が知るところとなるため、内部者による不正実行を思いとどまらせる効果があり、不正防止につながります。

3 担当者が任される業務の範囲

修理サービスの供給計上・供給代金の集金だけでなく部品の発注、払出し、在庫管理等、すべての業務を長い間Ｂさん１人に任せていた点について、ヒト、モノ、カネの観点から考えてみましょう。

（1）ヒ　ト

同じ人が同一の職務を担当し続けると周囲の他の人がその職務に関する関心が薄れて、不正を行っていても感知できない可能性が高まります。そこで、ヒトについては、同じ職場を担当する年数の上限を定めて定期的に担当者を変更する人事ローテーションを導入する方法が考えられます。

（2）モノとカネ

今回の事例では、Ｂさんは、修理サービスに関するすべての業務を任されていました。同じ担当者がモノとカネの両方に関与した場合、モノをカネに変える（換金する）機会が生じることにより、不正が発生する温床となる可能性が高まります。不正実行者が業務において多くの権限を与えられていると実行できる隠ぺい工作の手段も多くなります。

モノとカネについては、業務分担を明確にし、各人がお互いに牽制しあいながら不正や誤謬を防止する方法が考えられます。例えば、部品の発注、払出し、在庫管理については、別の在庫管理担当者を配置して、必要な部品については、在庫管理担当者へ申請して払出しを受けるルールとする方法が考えられます。今回の事例では在庫管理担当者を配置することにより、在庫管理担当者が払出の状況に疑問に思って不正を発見できる可能性が高まります。また、在庫管理担当者に疑問をもたれるかもしれないとＢさんに思わせることにより不正の防止につながります。

（3）会計数値などの分析

Ａ所長自身が、会計数値等をチェックすることについて考えてみましょう。修理サービスにおいては、故障した箇所や故障内容によって実施すべき作業や交換すべき部品が異なることから、修理供給ごとに発生する原価が異なり、利益率も変動するものと考えられます。しかし、期間、修理対象の機種、交換部品の要否などで修理供給を分類し、供給と原価や利益率を分析することが可能です。この分析を行うことにより、過去の実績や他の拠点における原価発生状況や利益率と比較し異常があれば、その原因を調査して対策を講じることができます。また、上席者がそのような分析を行うことにより、見られているとの意識をBさんがもつことになり不正の防止につながります。

以上のように、適切な棚卸資産の管理、内部牽制の効いた業務分担、効果的な供給原価・利益率分析を導入することにより、それぞれが、不正の発見や防止に効果を発揮します。

【修理対象の機種により供給を分類して比較する例】

修理機種ごとの分析表
○○年○○月供給原価・利益率分析

機種名	科目名	前年同期実績	当月実績	前年同期比
トラクター	供給高			
	供給原価			
	供給総利益			
	供給総利益率			
コンバイン	供給高			
	供給原価			
	供給総利益			
	供給総利益率			
田植機	供給高			
	供給原価			
	供給総利益			
	供給総利益率			

（引用）「JA金融法務」2018年1月号「討議式コンプライアンス」

まとめ

- ●実地棚卸と帳簿残高の差を分類、調査して不正を発見防止する
- ●１人に多くの業務を任せずに職務を分担することにより不正を発見・防止する
- ●定期的に原価や利益率を分析して不正を発見・防止する

《著者紹介》

有限責任監査法人トーマツ

有限責任監査法人トーマツは日本におけるデロイト トウシュ トーマツ リミテッド（英国の法令に基づく保証有限責任会社）のメンバーファームの一員であり、監査・保証業務、リスクアドバイザリーを提供する日本で最大級の監査法人のひとつです。国内約40都市に約3,300名の公認会計士を含む約6,500名の専門家を擁し、大規模多国籍企業や主要な日本企業をクライアントとしています。詳細は当法人Webサイト（www.deloitte.com/jp）をご覧ください。

ＪＡ支援室

ＪＡの持続的成長をサポートする専門部隊であるＪＡ支援室は、全国に約100名の専門メンバーを配置し、全国・都道府県組織と連携して全国のＪＡグループに対して、地域性、事業特性を踏まえた、コンプライアンス、資産査定、事務リスク、内部監査といった内部管理態勢高度化支援、中期経営計画策定支援、組織と人材変革支援、地域農業振興計画の策定支援など総合コンサルティングサービスを提供しています。

【監　修】井上 雅彦　有限責任監査法人 トーマツ ＪＡ支援室長

【執筆者】ＪＡ支援室メンバー　松嶋康介、岡田裕人、松本浩志、江川暁子、尾﨑弘明、清藤　亘、窪田太一、窪田　真、古閑　学、椎名基之、髙野和幸、田中雅典、中津智志、西岡宏樹、速水福子、藤井貴弘、三田浩平、柳川英紀、山口崇史、山﨑裕剛、山城文男

ＪＡ営業店のための　読んで考えるコンプライアンス事例集

2019年 3月20日　初　版第1刷発行

著　者　有限責任監査法人トーマツ
発行者　金　子　幸　司
発行所　㈱経済法令研究会
〒162-8421　東京都新宿区市谷本村町3-21
電話 代表 03(3267)4811　制作 03(3267)4823
https://www.khk.co.jp/

営業所／東京03(3267)4812　大阪06(6261)2911　名古屋052(332)3511　福岡092(411)0805

カバーデザイン・本文レイアウト／ヴァイス
制作／石川真佐光　印刷／富士リプロ㈱　製本／㈱ブックアート

ISBN 978-4-7668-2437-7
Printed in Japan

☆　本書の内容等に関する追加情報および訂正等について　☆
本書の内容等につき発行後に追加情報のお知らせおよび誤記の訂正等の必要が生じた場合には，当社ホームページに掲載いたします。
（ホームページ 書籍・DVD・定期刊行誌 メニュー下部の 追補・正誤表 ）